分镜

视频剪辑的基础

即看 即学 即上手的视频剪辑术

好视频是从分镜开始的

[日] 蓝河兼一 著
王卫军 译

中国青年出版社

人物动作影像化摄影和剪辑秘诀

前言

"分镜"指的是为了更好地用视频表现一个场景而将动作进行分解拍摄，并且将这些镜头剪辑连接起来。所谓"一个分镜头"是指一个视频中的最小单位，也可以将分镜理解为将场景分割成很多个分镜头进行连接。

可以直接用一个分镜头来表现一个场景，但利用多个分镜可以更好地融入创作者的拍摄意图。电影和电视剧是以文字写出来的脚本为基础进行影像制作的，即使脚本中只是简单地写着"正在读书"，在实际拍摄时，也要根据前后的剧情变化改变分镜的方式。

不仅需要在摄影阶段考虑分镜方式，在后期制作中，分镜的剪辑和连接也非常重要。只有"摄影"和"剪辑"完美配合才能更好地表达创作意图，让观影人感同身受。

对于摄影师和剪辑师来说，经验造就事物，本书列举了各类场景中的分镜示例，为想要学习视频制作的你讲解分镜的基础知识。

所有的范例都已经上传到网络，你可以扫描目录页上的二维码获得视频进行观看，建议一边播放视频一边阅读本书，以便加深理解。

此外，世界上还有各种各样的优秀视频，记住这些视频中经典的影像或剪辑手法，并加以借鉴，就能更好地传达视觉语言。本书内容也能帮助你增加对这些知识的"积累"。

在对摄影或者镜头感到困惑时，知识"积累"得越多，能产生的想法也就越多，也就更有可能找到最完美的处理办法。何不将本书作为参考，增加自己"摄影"和"剪辑"的经验呢？

目录

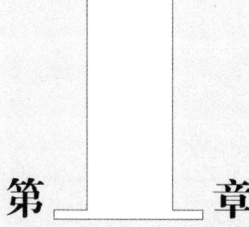

第1章
分镜——于动作中融入"创作意图"

1 走路 002
2 上楼梯 004
3 下楼梯 006
4 坐 008
5 站立 010
6 投掷 012
7 跑 014
8 搬运 016
9 叹气 018
10 写字 020
11 眺望 022
12 行李装车 024
13 下车 026
14 握手 028
15 拥抱 030
16 再见 032
17 被朋友叫住，转身回头 034
18 正在走路的女性渐渐靠近 036
19 正在读书的女性 038
20 在约定场所等待他人的女性 040
21 在站台等车的女性 042
22 骑上自行车准备出发的女性 044
23 冲咖啡的女性 046
24 观看数字视频光盘的女性 048
25 接电话的女性 050
26 用移动播放器听音乐 052
27 开门上车的女性 054
28 绑头发的女性 056
29 伸懒腰的女性 058

第2章

日常动作的分镜

- 30 操作电脑 062
- 31 拍照 064
- 32 操作摄影机 066
- 33 办公室情景① 068
- 34 办公室情景② 070
- 35 办公室情景③ 072
- 36 雨景 074
- 37 戴帽子 076
- 38 光着脚 077
- 39 张开双手感觉很好 078
- 40 坐下眺望大海 079
- 41 沿着海滩散步 080
- 42 在裙带菜之间散步 081
- 43 在防波堤上散步 082
- 44 走在胡同里 083
- 45 奔向灯塔 084
- 46 朝着夕阳大喊"笨蛋" 086
- 47 练习舞蹈 088
- 48 烦恼的少女 090
- 49 不想回家——公园篇 092
- 50 不想回家——夜晚的街道篇① 094
- 51 不想回家——夜晚的街道篇② 096
- 52 早晨的情景篇① 098
- 53 早晨的情景篇② 100
- 54 早晨的情景篇③ 102
- 55 早晨的情景篇④ 104

第3章

旅游节目中的分镜

- 56 乘火车旅行的女性 108
- 57 到达车站的女性 110
- 58 到达目的地的女性 112
- 59 到达缆车平台的女性 114
- 60 乘坐缆车的女性 116
- 61 吃丸子的女性 118
- 62 抬头看大树的女性 120
- 63 走路的女性 122
- 64 爬山的女性 124
- 65 爬坡（表现出坡度） 126
- 66 在车站前等待的女性（在恶劣条件下） 128
- 67 抵达目的地 130

第5章

动作视频分镜

- 73 拳击 146
- 74 踢 148
- 75 武器（双节棍）150
- 76 致命一击 152
- 77 真实的表演和英雄式的表演 154
- 78 隔着铁丝网拍摄 156
- 79 逃跑・追逐 158
- 80 慢动作 160
- 81 特技 162
- 82 速度感 164

第4章

爱情剧的分镜

- 68 相遇之吻 134
- 69 初吻 136
- 70 把女性围到墙边告白 138
- 71 见面碰头/肩并肩散步 140
- 72 扇耳光/深吻 142

第6章

实景的分镜

- 83 行人和街道 168
- 84 时间 170
- 85 自然 172

第7章

效果欠佳篇：导致混乱的分镜

86 轴线① 左右颠倒 **176**
87 轴线② 来回交替 **178**
88 轴线③ 逆行 **180**
89 轴线④ 视线不一致 **182**
90 轴线⑤ 随着表演而变化 **184**
91 跳跃剪辑 **186**
92 构图不变 **188**

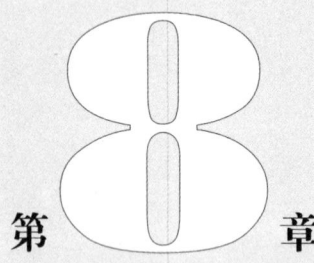

第8章

实践篇：从脚本中读取分镜

93 友香沿着樱花长廊散步 **192**
94 友香坐在湖畔公园的长凳上 **194**
95 友香开始阅读日记 **196**
96 从友香身后伸出一双手 **198**
97 两个人相视而笑 **200**
98 两人对话时的场景分镜 **202**
99 调整分镜缩短影片时长 **204**
100 余韵悠长的最后一幕 **206**

> **微信扫码获得视频，各个范例边看边学。**
>
> ● 为了方便读者使用手机和平板电脑观看视频，本书提供了所有范例的视频文件，只需用微信扫描二维码，即可获得视频文件学习观看（如有疑问请加入读者QQ群511235351咨询）。
>
> 视频中使用了多个分镜头表现创作意图，这些镜头的组合方式以及镜头间的连接时机非常重要。只有通过观看视频才能具体了解。本书解说了摄影和剪辑的要点，边看视频边学习更能加深您的理解。

第1章

分镜——于动作中融入"创作意图"

同样是走路这个动作，愉快地走也好难过地走也好，通过演员的表演，分镜也会相应地发生变化。在本章中，对相同的动作在不同的场景中应该如何拍摄、如何剪辑进行了讲解。特别是前半部分先对基础动作进行讲解，然后再对实例场景进行讲解。

1 走路

将"愉快""悲伤"的表现加入视频中，效果会怎样呢？

● 第1章主要讲解人物的基本动作分镜。很多基本动作虽然用一个分镜头就能进行表现，但是将镜头分开更能突出重点。我们在添加基本分镜头的基础上，再在动作中加入"愉快"等情绪表现，一起来验证分镜的效果。

首先对"走"这个动作进行分镜讲解。分镜头1：全景、远景，从正面拍摄迎面走来的画面。分镜头2：近景，同样地对从正面走来的女性进行焦点跟拍。分镜头3：全景，从旁边拍摄，配合演员行走速度摇摄跟拍。分镜头4：近景，使用手持摄影机移动拍摄，营造出和演员一起走路的现场感。

你觉得这个拍摄方法如何呢？这4个分镜头表现了走路的分镜变化。分镜头3的拍摄手法比较费时，但拍摄效果特别好，请牢牢记住吧。

接下来进行灵活应用，试着表现"愉快地走"。最后一个分镜头的全景图是一位女性正在愉快地朝着某个地方走去，结尾充满了故事性。如果是"悲伤地走"又会怎样呢？最后的分镜头和"愉快地走"的分镜头虽然是相同的位置、角度和构图，却有着蒙太奇效果，分镜传达出的印象完全不同。虽然这和演员的演技也有很大的关系，但最后连接起来的分镜头却不由得给人一种"悲伤"的感觉，实在是令人感到不可思议。

走路

分镜头1

分镜头2

分镜头3

分镜头4

分镜头1：从正面拍摄全景并传达现场情况。
分镜头2：推近到近景开始焦点跟拍。
分镜头3：从旁边面向道路摇摄跟拍。
分镜头4：和演员一起下坡并手持摄影机移动拍摄近景。

提示：视频中字幕"片段"等于本书中标注的"分镜头"。

愉快地走

分镜头1
分镜头2
分镜头3
分镜头4
分镜头5

悲伤地走

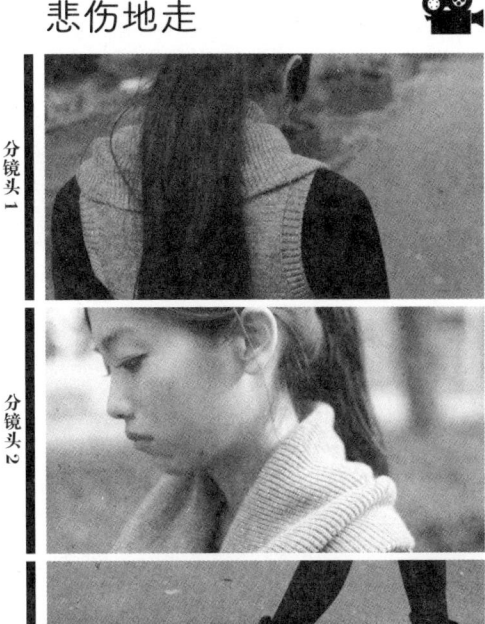

分镜头1
分镜头2
分镜头3
分镜头4
分镜头5

分镜头1：使用手持摄影机拍摄表现愉快的感觉，并通过特写镜头使其具有真实感。
分镜头2：将摄影机放在三脚架上，从正面焦点跟拍。
分镜头3：在绿树成荫的道路上，将树木挡在镜头前并按下快门（画面横向切换），客观性十足，仿佛从远处看着这个快乐的女性。
分镜头4：采用低角度镜头拍摄天空，增加明快的情绪。
分镜头5：以远景的背影镜头作为结束。

分镜头1：与"愉快"相反，从一个悲伤地缓慢行走的背影开拍。这是拍摄时不拍表情的一种手法。
分镜头2：从侧面拍摄低头表情的特写画面。通过人物视线紧挨着画面边缘的构图，表现出一种不安的感觉。
分镜头3：手持拍摄表现出步伐不稳、脚步沉重的感觉。
分镜头4：低角度拍摄"悲伤的"女性的面部表情。
分镜头5：与"愉快"相同位置的分镜头。

第一章

2 上楼梯

楼梯场景应该怎么拍呢？
从上拍？从下拍？

● 在"上楼梯"分镜中，需要将从上方拍摄的图像和从下方拍摄的图像的高低差融入"行走"的动作中。

从上方还是从下方拍摄，取决于前后剧情、现场的情况、整部作品的风格等，因此不能一概而论。例如，拍摄"上楼梯"的镜头时，一般是从上方朝下拍摄，也可以根据拍摄现场的情况、拍摄背景的情况来改变摄影机的方向。

可以根据整部作品的风格调整拍摄位置。威廉·弗里德金导演曾说过，在电影《驱魔人》中，乌鸦神父登场时，为了表现神父向上天祈求复活的强烈愿望，常常需要拍摄从下往上走的画面。

"艰难地上楼梯"和"小跑地上楼梯"，这两种类型之间的区别显然是剪辑的节奏。当然，就表演而言，看起来"痛苦地"即"慢慢地"，而"小跑"即"快"，但剪辑的节奏也很重要。通过插入沉重的脚步和手握楼梯扶手的镜头，来表现缓慢的爬楼梯姿态，并与长镜头放慢剪辑到一起，表现出"艰难地上楼梯"的情景。相反地，"小跑地上楼梯"则适合用快节奏的短镜头进行剪辑。

镜头连接的关键是要注意左右脚迈步的顺序，要使脚步看起来尽可能自然。虽然剪辑时动作之间的连接不可能天衣无缝，但是如果预览效果不佳，就要注意人物在迈步时右脚是否紧接着又在右脚之后迈出，注意迈步的顺序，连接镜头便会更加自然（请参考第125页）。

上楼梯

分镜头1

分镜头2

分镜头3

分镜头4

分镜头1：从楼梯底部拍摄，女性开始上楼梯。
分镜头2：从楼梯顶部拍摄，捕捉正要上来的女性的姿势。
分镜头3：在楼梯中间，从侧面跟拍。
分镜头4：从楼梯的平台向上仰拍。

艰难地上楼梯

分镜头 1

分镜头 2

分镜头 3

分镜头 4

分镜头 5

分镜头1：将艰难上楼梯的腿部作为首个镜头。
分镜头2：接下来加入面部表情的正面镜头。用前两个分镜头说明现场情况。
分镜头3：握住扶手上楼比用手叉腰更能表现出艰难感。
分镜头4：从背后仰拍，表现出辛苦的后背。背影沉重，像一堵墙似的挡住镜头。
分镜头5：从楼梯顶部拍摄，人物艰难地爬上来。

小跑地上楼梯

分镜头 1

分镜头 2

分镜头 3

分镜头 4

分镜头 5

分镜头1：将小跑的腿部作为首个镜头出场。
分镜头2：水平位置上的表情特写。和演员一起跑步并拍摄。
分镜头3：从相同水平位置拉出全景画面。
分镜头4：从楼梯上方向下拍，接近人物正面，拍摄气氛紧张的中景。
分镜头5：人物上楼梯并穿过镜头。

第一章

005

3 下楼梯

比起要求演员的演技，巧妙运用主观镜头更能表现场景

● 下楼梯的动作要点与"上楼梯"相同，从上方还是从下方拍摄，取决于现场的情况、前后剧情。前几天，某部电影出现了这种情况，女主角每天早晨从二楼的公寓下楼梯去上班。画框朝着车站的方向显示（画面很完美）。镜头从公寓（两层楼）楼梯下方朝向上方，并表现出一名女性从二楼下来的情景。

另外，在下班回家的场景中，从楼梯的二楼房间的前面用一个镜头拍摄楼梯的底部，表现出一位女性一口气上楼的场景。顺便说一下，正因为这间公寓的楼梯形状从下到上都是笔直的"直楼梯"，所以才能够用一个镜头来表现它。

在另一部作品中，女主角公寓的楼梯是一个"弯曲楼梯"，该楼梯在平台处转回。在这种情况下，同样有女主角离开房间下楼梯上班的镜头。首先，从地面远距离拍摄二楼房间的女主角。由于是弯曲的楼梯，女主角正面朝着镜头走下第一段楼梯，在经过平台后，镜头接着拍摄她的背影，紧接着身影消失在楼梯拐角处，要等待大约5秒后，才从楼梯的另一侧来到正门入口处。

由于主角的设定是个跟踪狂，因此我原本尝试只用一个镜头来表现主角的视角，但最终我还是选择了分割这个长镜头。因此，需要根据具体情况进行具体判断。

下楼梯

分镜头1

分镜头2

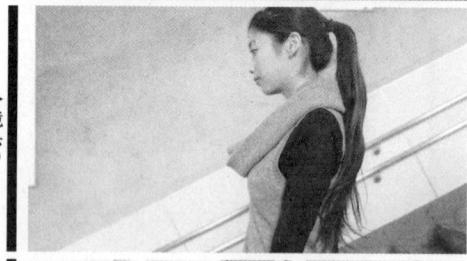
分镜头3

分镜头4

分镜头1：从楼梯的顶部开始拍摄，女性开始下楼。
分镜头2：从途中的平台处向上拍摄并追着女性下楼。
分镜头3：从女性的水平位置拍摄。
分镜头4：在平台处向下拍摄。

小跑着下楼梯 ## 谨慎地下楼梯

分镜头1

分镜头2

分镜头3

分镜头4

分镜头1

分镜头2

分镜头3

分镜头4
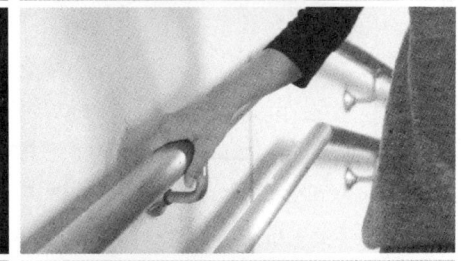

分镜头5

分镜头1：拍摄女性小跑到楼梯处并下楼的样子。一眼就能看出场景等情况。
分镜头2：奔跑时脚部的特写镜头。
分镜头3：摄影机追着人物拍摄背面镜头，更具真实感。
分镜头4：在楼梯下方设置好摄影机，从正面跟拍女性下楼的样子。让她紧贴着摄影机的侧面穿过镜头。

分镜头1：缓慢谨慎下楼的女性。从楼梯中间仰视拍摄。
分镜头2：女性缓慢谨慎下楼的特写镜头。清晰地展现出人物一边看向脚尖一边确认前方的动作。
分镜头3：用女性的主观视角拍摄双脚，表现谨慎的感觉。
分镜头4：手握楼梯扶手的镜头。
分镜头5：缓慢地由下往上摇拍女性的腿部和上半身。

第一章

007

4 设置好时间，将几秒钟的动作切换成不同构图进行剪辑

坐

● "坐"这个动作本身是很简单的，不使用分镜也可以表现出来。正是因为这个动作比较简单，使用分镜表现也就变得更加困难，因为"坐"在一瞬间就结束了。从开始有动作（弯腰准备坐下）到结束（坐好），慢动作也仅需5秒。

一般分为3个分镜头。分镜头1和分镜头2可以通过人物动作自然地衔接起来，但是根据作者的创作意图，两个分镜头的衔接方式也会发生改变。大多数情况下是在坐下的过程中改变构图，从侧面开始接着拍摄。通过改变构图，在剪辑时也更容易衔接。但在中途切换构图时，可能会出现意义不明的跳跃剪辑（请参考第186页），因此需要格外小心。分镜头3是分镜头1的接续画面。在分镜头1的场景后插入分镜头2的场景，使画面自然地连接起来。

"疲惫地坐下"和"慢慢地坐下"，如前所述，坐这个动作本身时间很短，所以也可以一并拍摄坐之前和坐之后的动作。由于动作简单，因此一定要正确拍摄动作并连接。"疲惫地坐下"的连接要点是用手撑着椅子坐下的动作，使用这个镜头表现出"疲倦"的效果。另外，在"慢慢地坐下"中，要利用好坐下时扭转身体的动作，表现出坐下时"放松"的表情。

分镜头1：正面面对长椅拍摄人物的全景镜头。
分镜头2：从侧面采用中镜头拍摄远距离的近景画面。
分镜头3：作为分镜头1的后续部分，是动作完成后的镜头。

疲惫地坐下

分镜头 1

分镜头 2

分镜头 3

分镜头1：女性精疲力竭地想要坐在长椅上。
分镜头2：强调将手撑在长椅上的镜头。使用撑手的特写镜头与前一个画面相连接。摄影机继续拍摄上半身，并加入表情。动作结束后与分镜头3连接。
分镜头3：不使用分镜头1的视角，将摄影机位置稍微放低拍摄全身图。比起分镜头1的高机位俯拍构图，结合坐下后的姿势，低机位更能显示出疲惫感。

慢慢地坐下

分镜头 1

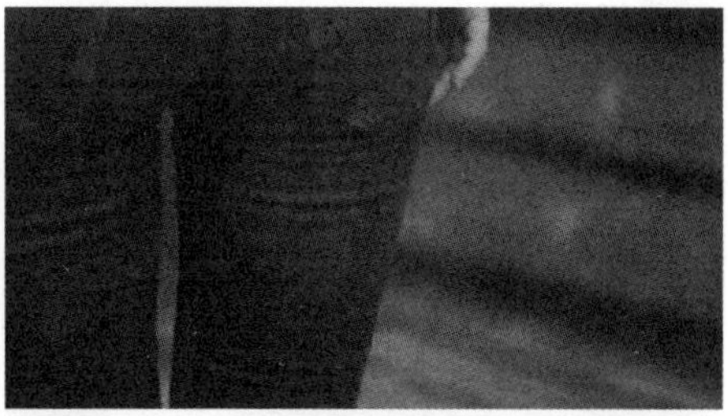

分镜头 2

分镜头 3

分镜头 4

分镜头1：女性的背影，镜头由失焦开始，逐渐聚焦在人物腿部。
分镜头2：从旁边拍摄坐在长椅上的女性的表情。直接聚焦于女性的表情并让她缓缓坐下。
分镜头3：将分镜头2中坐下后调整坐姿的动作与分镜头3连接。
分镜头4：拍摄坐下后的表情并结束。

第一章

009

5 通过分镜展现"快速地站立",让动作更具速度感

● "站立"与"坐"相同,由于它们都是简单的动作,因此可以不使用分镜进行表现。与"坐"不同,使用固定机位拍摄时,必须保留演员站起来后头上的留白空间。因此,在站立状态时确定好构图,然后再坐下开始拍摄。这样演员在确定好的位置上"站立"起来后,整体构图才能保持良好状态。拍摄"坐"时,动作过程都掌握在镜头中,因此不需要提前预想构图。

一般是3个分镜头。分镜头2从侧面拍摄站立时的上半身,刚起身站立时的镜头比较容易与其他镜头相衔接。

"慢慢地站立"画面中表现的是慢慢地站起身的姿态。通过近距离拍摄使用双手支撑着大腿站起的这个动作来表现"缓慢"。最后连接带有人物表情的近景画面,或者也可以使用远景画面。

与之相对的是"快速地站立"。从做出站起的动作到结束,这个动作一共需要1.5秒。通过人物动作可以自然地连接这个瞬间的镜头。由于动作镜头很短,比起直接用一个镜头展示动作,将几个短镜头连接起来展示会更具有速度感。

另外,比起连接简短的固定机位画面,连接快速的跟拍镜头更加能体现出"势头"。画面的构图与拍摄第3个分镜头时一样,使用远景画面来拍摄,可以更好地展现站立姿势。

站立

分镜头1

分镜头2

分镜头3

分镜头1:正对椅子拍摄人物(全景:全身)。提前在站立状态下确定好构图。
分镜头2:从侧面远视角拍摄人物的半身像,摇摄跟拍上半身"站立"时的姿势。
分镜头3:继续使用分镜头1的镜头。

慢慢地站立

分镜头1：从斜对面拍摄女性坐着的镜头。摇摄跟拍女性慢慢站起来。拍摄整个从坐下到站起来的场景。

分镜头2：撑着大腿的双手镜头。把分镜头1的站起镜头与分镜头2的镜头连接。这个是紧接着前一个动作的动作。

分镜头3：用近景画面相连接。

快速地站立

分镜头1：从坐姿的全景画面开拍，女性在站立起来之前突然抬头，想起什么事情似的站起身。在起身的瞬间镜头切换到分镜头2。

分镜头2：从侧面远距离跟拍近景画面。在动作进行的途中切换到分镜头3。

分镜头3：从女性正面仰视拍摄近景画面，继续跟拍。

第一章

011

6 投掷

把握好投掷的方向等，再进行拍摄

● 十多年前，我是高中棒球介绍节目组的摄影师兼导演。当时用的还是广播级（Betacam）摄影机。从6月当地锦标赛开始以来的一个月左右，我背着摄影机一个人在县内近25个学校之间来回拍摄。

我需要采访年度最佳团队成员，拍摄他们的练习场景。其中，棒球投手的采访是最多的。采访完成后，我还要在球场内拍摄投手和捕手双人的练习场景。

常用的拍摄手法有以下几种，使用"侧面全景镜头"拍摄投手投掷，用"逐渐放大镜头"拍摄上半身并介绍选手（加入姓名的字幕），"从投手的后方拍摄投掷的背影，逐渐放大镜头到捕手的方向，拍摄捕手接球的动作"，以及"从捕手的后方搭三脚架放置摄影机，拍摄远景的投手投球画面，同时缩小镜头，拍摄捕手接球"等。

我热衷于拍摄动态画面，所以每次都尽可能地靠近选手进行拍摄，但是如果太过靠近，会有被球砸中的危险。在拍摄时，有好几次我都觉得"好险啊"。

"投掷"的拍摄需要注意的是投掷的方向以及投掷时要在投手头顶上方预留一定的空间。在基本范例中，构图上方留出了较多空白。球往上飞去时，预留出球飞出方向的空间，这样做可以让人了解到投掷的目的地。分镜头3不拍人，仅拍摄球飞出去的画面。这样，即使不连接人物动作，也可以很好地表现"投掷"。

投掷

分镜头1：女性投球时的上半身镜头。要预留出投掷方向以及投掷人头顶上的空间。
分镜头2：女性正面远景。球从手中飞出画面。
分镜头3：投手视角看到的球朝着远处飞去的镜头。

轻轻地投掷

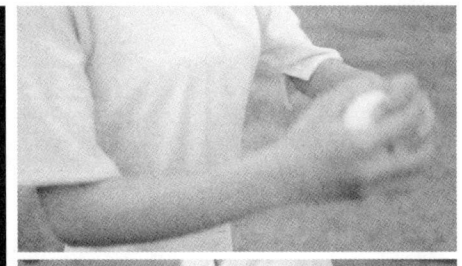
分镜头1

分镜头2

分镜头3

分镜头1：投球之前的手部近景。
分镜头2：女性的上半身镜头。分镜头1和分镜头2是通过右手向后时两手之间的开合状态来连接的。在现场时将同一组动作连续拍摄3次,第一幕是"手",第二幕是"上半身",第三幕是"投球结束后的表情"(分镜头3)。每一幕的动作之间多少都有关联,只需要注意手的角度以及手臂开合的状态即可。

向远方投掷

分镜头1

分镜头2

分镜头3

分镜头4

分镜头1：加入了脚的动作,让投掷动作显得更加"标准"。
分镜头2：仰拍女性上半身的动态动作。
分镜头3：从后方拍摄投球动作以及飞出去的球。
分镜头4：投掷结束后的表情,比轻轻投掷时表情稍显严肃。两者都利用了动作镜头自然衔接。

第一章

013

7

把握好手持摄影机和三脚架固定镜头，并分别使用

● "跑"这个动作也有很多种情况，包括"长距离""短距离""全速跑""逃跑""追赶""慢跑"等。结合具体情况有很多种拍摄方法，本次介绍标准的"跑"的分镜。

与"走"相似，"跑"一般也是4个分镜头：①"跑过来"；②"跑步"的近景（表情）；③"跑步"的脚；④"跑向远处"的背影。镜头的变化主要有以下几种方式：镜头拉出（跑过来的近景和脚部）、镜头推入（跑过去的背影和脚部）、摇摄跟拍（侧面）。各个分镜头的衔接基本以动作连接为主，但是至少要做到手脚的动作连贯。

"慌张地跑"表现的是一个快要迟到的女性边看手表边跑的姿势。先用跟拍镜头表现模糊的现场感，再在三脚架固定机位的侧面使用摇摄跟拍，让画面更具客观性。跟拍时可以故意在镜头和人物之间穿插路边的树木，通过树木的移动更能体现奔跑的速度感。

分镜头4是使用手持摄影机拉出镜头，镜头拉出时需要和女演员保持一定距离。由于拍摄时是后退着奔跑的，所以需要注意后方的情况，可以让演员注意调整跑步的节奏。

"轻快地跑"表现的是类似于慢跑的一种状态，使用稳定器减少摇晃再进行拍摄。

跑

分镜头1

分镜头2

分镜头3

分镜头4

分镜头1：由远景转为全景逐渐跑近。拍摄人物在林荫道上跑步的整体姿态。
分镜头2：保持一定距离摇摄跟拍跑步时的人物上半身。
分镜头3：使用同样的方法拍摄跑步时的腿。
分镜头4：拍摄人物入画并跑向远处的背影。

慌张地跑

分镜头1
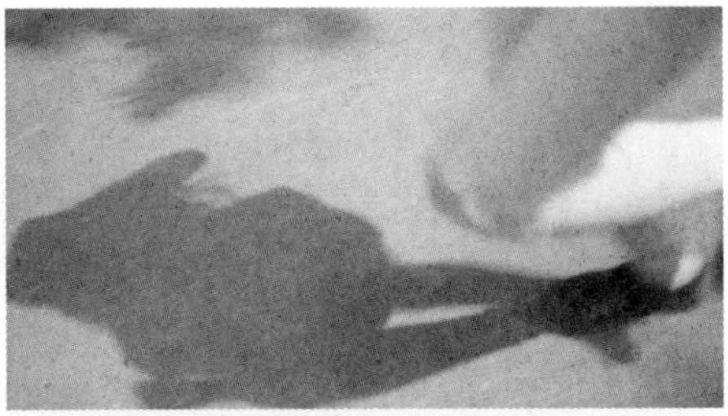

分镜头2
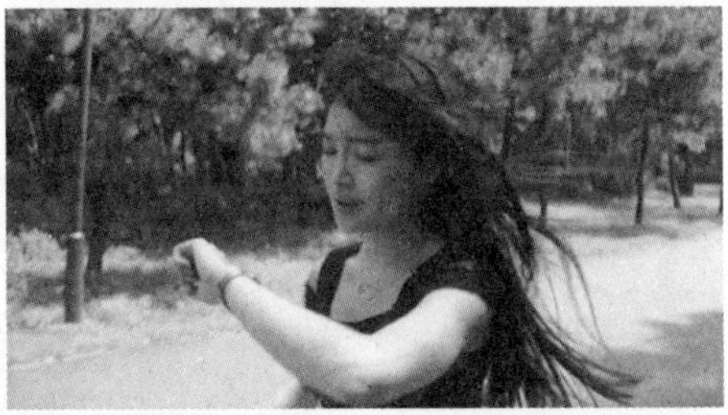

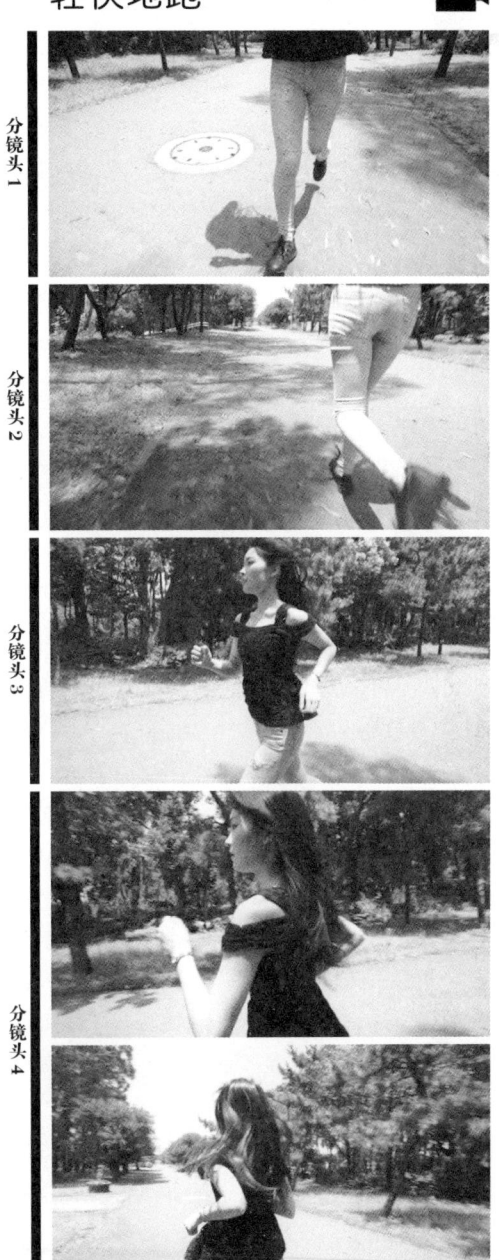

分镜头3
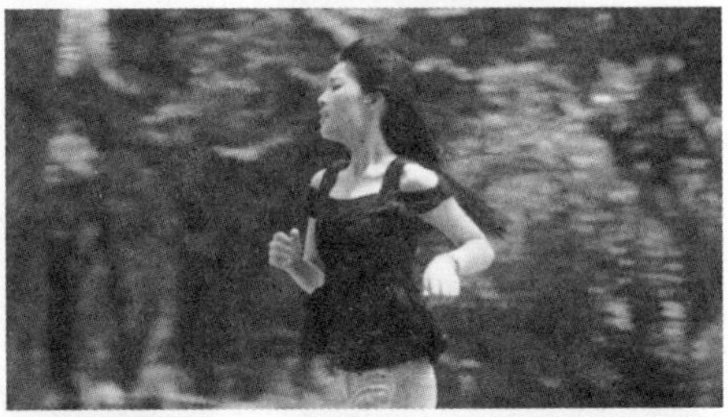

分镜头4
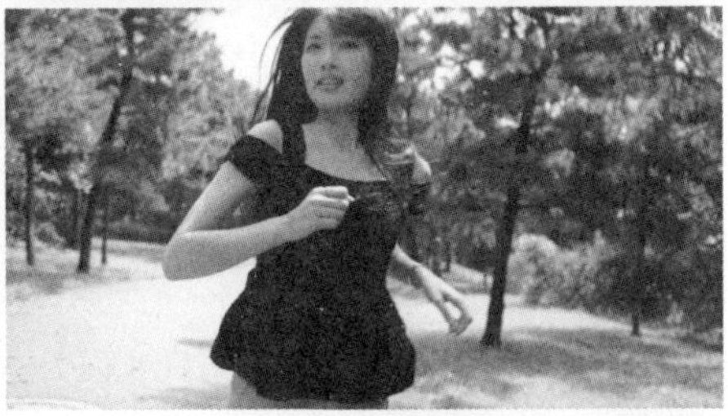

分镜头5
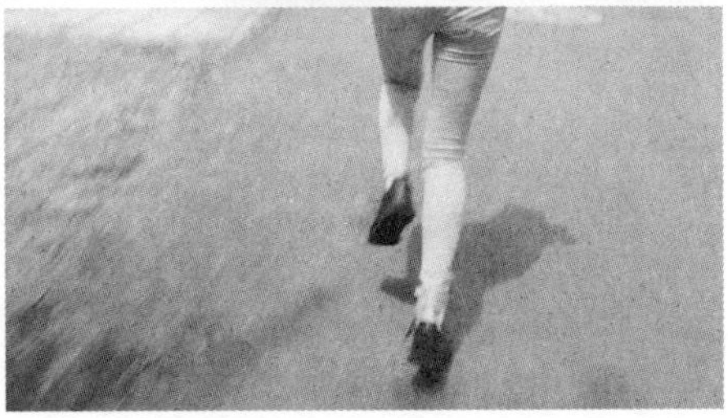

分镜头1： 手持摄影机与演员平行移动，为了制造出奔跑感，需要镜头配合腿部的动作拍摄出模糊感。剪辑时也需要模糊连接。

分镜头2： 跑步中的近景。这个镜头也需要手持摄影机与演员一起跑动跟拍。

分镜头3： 使用三脚架固定摄影机，用长焦镜头从侧面追踪拍摄。

分镜头4： 从正面手持摄影机，镜头拉出拍摄跑步时的近景。

分镜头5： 手持摄影机，镜头推入拍摄跑步时的腿部动作。

轻快地跑

分镜头1

分镜头2

分镜头3

分镜头4

分镜头1： 镜头拉出，稳定拍摄跑步中的腿部。使用斯坦尼康·梅林减震器。

分镜头2： 镜头推入，稳定拍摄跑步中的腿部。要注意的是不能从人物正后方推入，需要为跑步前进方向（视线）那一侧留出空间。

分镜头3： 跑步中的近景，从侧面跑动跟拍。

分镜头4： 稳定拍摄，从正面转为背影。

8 通过近景画面表现 "好像很重" "谨慎地搬运"

● "搬运"的基本动作需要使用到手提包，从"拿"到"搬运"一共4个分镜头。"拿"这个动作首先从"举起/拿起"开始，使用一个镜头跟拍物品的拿起方向。"搬运"这个镜头将物品拍入画面之中，直接跟拍即可（基本动作的分镜头2与分镜头4）。

在基本动作的分镜头2与分镜头4之间，插入仰拍女性手拿手提包上楼梯的表情。在拍摄4个分镜头时，要充分保留拍摄前后多出的"预留镜头"（请参考第195页），巧妙使用这些"预留镜头"能让剪辑更加顺畅。

在"搬运重物"的动作当中，将手提包换成看起来很重的行李箱。分镜基本是一致的，在基本动作的分镜头2与分镜头3之间，人物在上台阶前改变了提行李箱的方式，此时插入手部动作的近景更能拍出重量感。仅靠这一点就能传达出"重"的感觉。

拍摄"谨慎地搬运"时使用装有蛋糕的盒子。分镜头1拍摄女性将盒子谨慎地拿在手中然后出画，这样能够更好地连接接下来的镜头。将盒子拿到胸前位置时暂停动作，通过吸了一口气的动作来表现"谨慎"。

使用三脚架摇摄，尽量保持水平拍摄"谨慎地"行走的姿态。通过面部表情的近景也能表现出人物的"谨慎"。摇摄跟拍近景画面然后人物出画，这样的拍摄方式也能方便剪辑衔接。最后一个镜头以递上蛋糕盒作为结束。

搬运

分镜头1

分镜头2

分镜头3

分镜头4

分镜头1：拍摄放置在地上的手提包。女性的手入画，用手提起手提包。
分镜头2：拿起手提包准备上台阶。
分镜头3：女性上完台阶后拉出手提包拉杆，仰拍此时的表情。
分镜头4：拍摄人物拉起手提包走出镜头的远景画面。

搬运重物

分镜头1

分镜头2

分镜头3

分镜头4

分镜头5

分镜头1：拍摄放在地上的行李箱。女性的手入画，用双手提起行李箱。

分镜头2：提着行李箱走来，在台阶前改变提行李箱的方式。

分镜头3：换手的特写镜头，开始上台阶。

分镜头4：女性上完台阶后拉出行李箱拉杆，仰拍此时的表情。

分镜头5：拍摄人物拉起行李箱走出镜头的远景画面。

谨慎地搬运

分镜头1

分镜头2

分镜头3

分镜头4

分镜头5

分镜头1：拍摄放在桌上的蛋糕盒。女性的手入画，小心地拿起盒子。

分镜头2：近距离拍摄近景，表现轻轻拿起盒子后的面部表情。

分镜头3：稍微改变构图，从侧面使用三脚架远距摇摄女性小心地拿着盒子走路的近景画面。

分镜头4：摇摄跟拍表情特写。

分镜头5：小心地拿着蛋糕盒的特写镜头。女性轻轻地递上盒子。

第一章

017

9 叹气

余韵的表现也是分镜的一部分，将眼神的表达保留下来

● 人们一般会在放心或难过时"叹气"，拍摄时需要重视拍摄氛围。虽然演员的演技很重要，但是构图也是很重要的。那么该如何制造拍摄氛围呢？"叹气"一般是在一个人独处时才会做出的动作。因此，与其使用一个摄影机进行主观视角拍摄，不如使用客观视角来表现。所以此次将从多个角度进行拍摄和剪辑。

基本动作是"（深深地）叹气"。要点是将女性4个不同角度的叹气镜头进行连接并剪辑。分镜头1：从面向背后转变为面向正面。分镜头2：人物左边侧脸。分镜头3：人物右侧。分镜头4：人物左侧。原本从右侧镜头直接切换到左侧镜头会产生错位（差异感），所以应尽量规避。但由于最近开始流行使用多机位拍摄，大众已经习惯了从多个角度拍摄并切换的表现方式，因此这种拍摄手法逐渐变得稀松平常。

"松了一口气"的主人公是不知道从何而来的女性。是在向某人告白之后觉得很不好意思而逃离告白现场吗？还是被谁追着逃到了这里？人物到达凉亭之后，靠在柱子上，长长地松了一口气。场景由您自己的想象决定，这里故意在柱子后方进行拍摄，使拍摄视角更加客观。

"烦恼地小声叹气"需要摆出低头叹气的姿势。让太阳光照射到镜头中，营造忧郁的氛围。叹气之后的余韵也非常重要。

（深深地）叹气

分镜头1：在能看见海的凉亭里，拍摄女性的背影。
分镜头2：在侧面拍摄女性的特写。
分镜头3：人物右侧近景。女性在深深叹气。
分镜头4：近距离拍摄靠在柱子上的女性近景。从左侧拍摄。通过改变构图消除镜头衔接时的违和感。

松了一口气

分镜头1

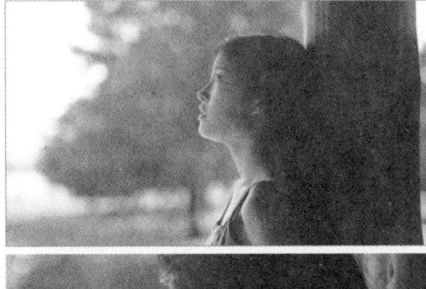

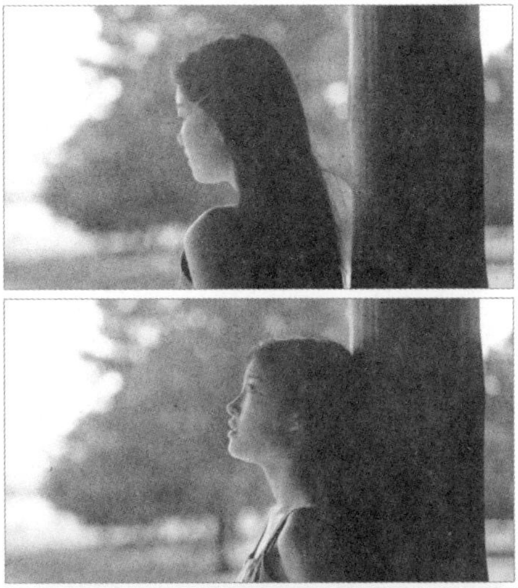

分镜头2

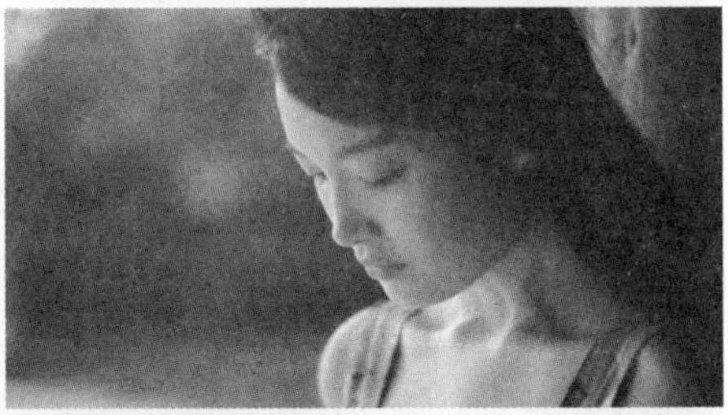

分镜头3

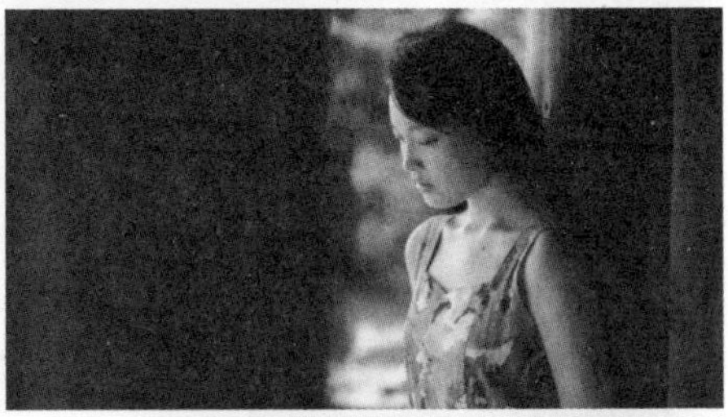

分镜头4

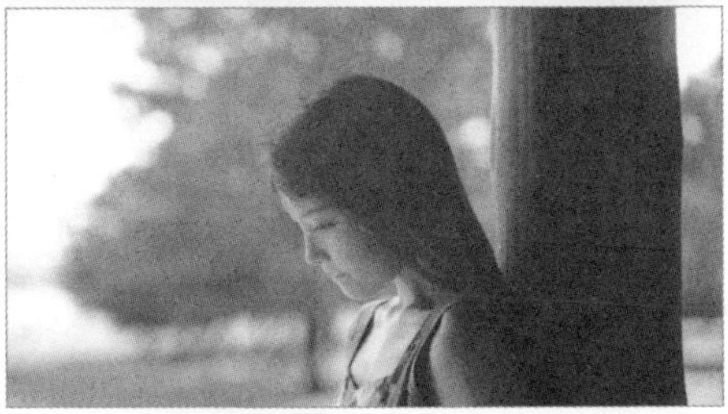

分镜头1： 提前设置好近景构图，接着人物入画。女性抬起脸靠在柱子上。

分镜头2： 缩小拍摄范围拍脸部特写。女性将脸抬起松了一口气，接着低下了头。

分镜头3： 在柱子后方拍摄，加入了客观视角的摄影机构图。

分镜头4： 分镜头1的下一幕。

烦恼地小声叹气

分镜头1

分镜头2

分镜头3

分镜头4

分镜头5

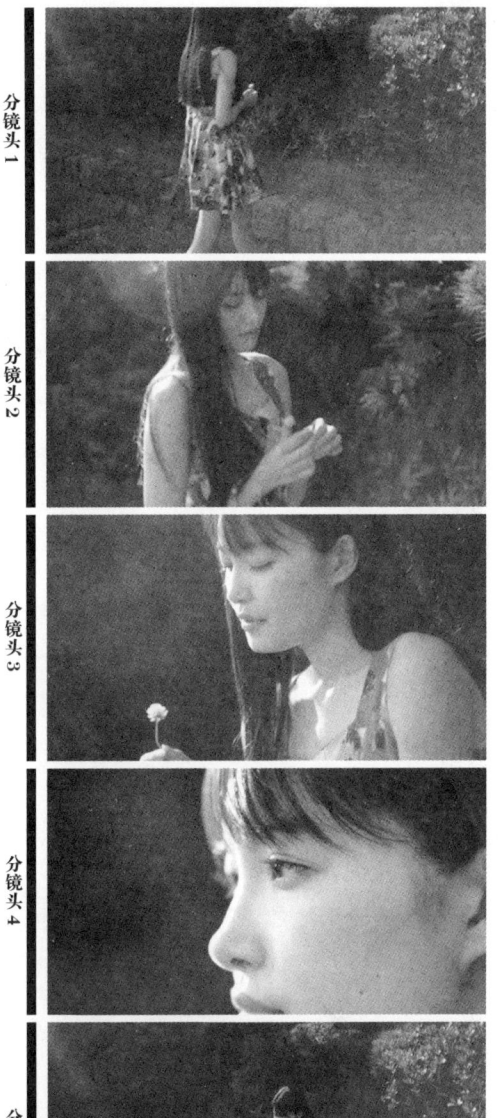

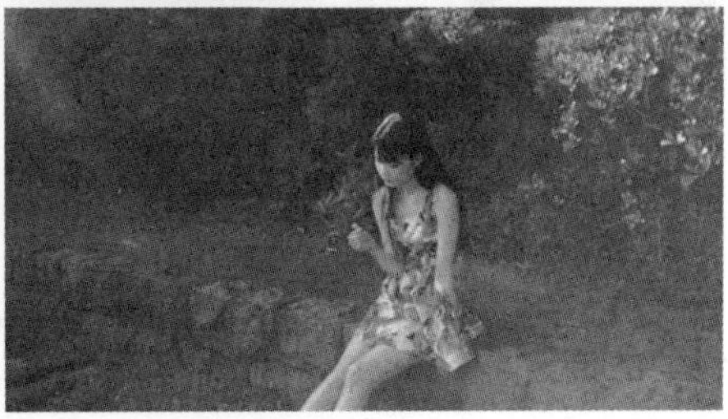

分镜头1： 女性手里拿着花朵入画。

分镜头2： 拍摄近景画面，填满构图。女性回头并准备坐下。

分镜头3： 进一步缩小范围，近距离拍摄近景。女性坐下并轻轻叹气。

分镜头4： 叹气之后的表情。用脸部特写表现余韵。

分镜头5： 回到分镜头1的远景画面。

10 选择放有桌子、椅子的空间，拍摄“写”这个动作的分镜头

◉“写”这个动作除了手部以外基本上没有其他动作。大多数情况下人们都是坐着书写，场景一般是在家里或者教室等地方。因此，构图需要以人物为主体，拍摄包含桌子、椅子等物体的空间。

为了拍摄“写字”的分镜头，常用的方法是通过改变构图拍摄几组书写的长镜头，再通过剪辑减少画面拖沓。如果需要在视频中展示书写的文字和内容，为了使观众明白文字及内容，要拍摄纸面的特写长镜头，在剪辑时调整画面的持续时长让观众能够读完并理解。

此外，还需要注意落笔的位置。是写在右页上还是写到左页上，是写在本子的上方还是中间或下端？在改变构图、拍摄长镜头时，随着书写的进度，落笔位置可能会发生改变。在剪辑连接时，可能会出现落笔位置不停跳跃的情况，因此在拍摄时一定要多加注意。

“边思考边写”可以通过在书写前长时间思考到底要写什么东西的姿势来表现，摆弄铅笔、摆出思考的表情、背影、握手的动作等。使用长焦镜头远远地拍摄思考的模样，能够更具有客观性。

“认真地写”与普通的动作一样，也是由4个分镜头构成的。通过更紧凑的画面与更长时间的拍摄表现出“认真”的感觉。从使用三脚架的稳定拍摄画面中逐渐递进，拍摄认真书写的手部动作特写（分镜头3），再使用手持摄影机跟拍铅笔的落笔点，让画面充满现场感。

写字

分镜头1

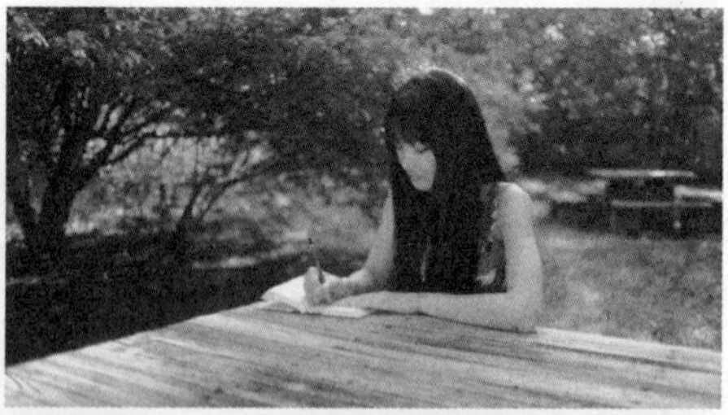

分镜头2

分镜头3

分镜头4

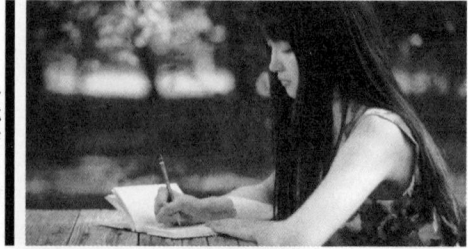

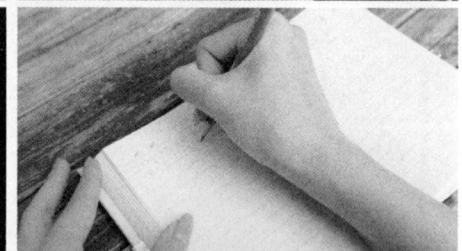

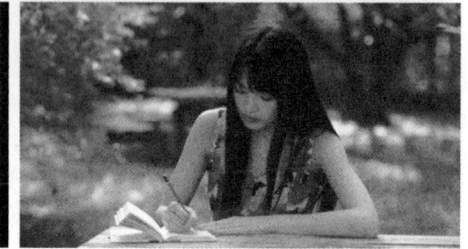

分镜头1： 正在桌子上写字的女性的近景。
分镜头2： 改变构图，从侧面拍摄距离较近的近景。
分镜头3： 在笔记本上写字的手部特写。
分镜头4： 正面拍摄的近景。

边思考边写

分镜头 1

分镜头 2

分镜头 3

分镜头 4

分镜头 5

分镜头1：撑着脸似乎在思考着什么的女性近景。
分镜头2：从侧面拍摄摆弄着铅笔的手部特写。
分镜头3：思考时的表情特写。
分镜头4：思考时的背影。
分镜头5：近景跟拍，人物似乎是想起了什么，开始在纸上写字。

认真地写

分镜头 1

分镜头 2

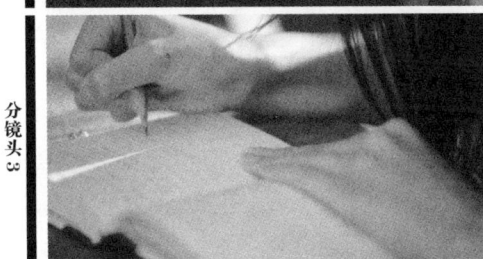
分镜头 3

分镜头 4

分镜头1：近景，拍摄角度微微倾斜向上。
分镜头2：认真写字时的表情特写。
分镜头3：手持摄影机拍摄写字时的手部特写。
分镜头4：认真写字的远景画面。

第一章

021

11 融入海边的风景，根据创作意图改变拍摄焦点

眺望

● "眺望"主要是由眺望时的人物表情以及眺望的风景构成。眺望时的拍摄角度包括人物的侧脸、正脸、背影，以及眺望的风景。风景又分为人物主观视角下的纯风景和包含人物背影在内的风景，根据创作意图的不同分别进行拍摄。

基本由4个分镜头组成。首先从全景画面开拍，接着分镜头2从相同的位置推近，拍摄近景。在推镜头的过程中景深也随之改变，一下子就进入了有拍摄氛围的场景中。眺望的风景需要拍摄出包含人物的实景，对焦在人物身上。

拍摄"充满希望地眺望"的分镜头时，为了表现"充满希望"的表情，需要给女性的视线方向留出空间。特别是分镜头2的远距离近景，在夕阳的逆光中，在视线方向和人物头顶留出较大的空间，表现出"未来"与"希望"的感觉。在广告中经常可以看到这样在视线方向留出较大空间进行构图的拍摄镜头。如果将视线方向的空间缩小，可能会得到相反的效果。人物头顶上也需要留出普通拍摄中少有的大量留白空间。

拍摄"悲伤地眺望"的分镜头时，基本上是在侧面拉远或推近镜头，然后插入人物主观视角下的风景画面。这里与基础分镜不同，在背影照片（分镜头2）中对人物进行了模糊处理，这样给人的印象会完全不一样。分镜头3和分镜头5使用了相同的拍摄手法。在分镜头3和5之间插入了风景画面，将时间点很好地连接在一起。

分镜头1

分镜头2

分镜头3

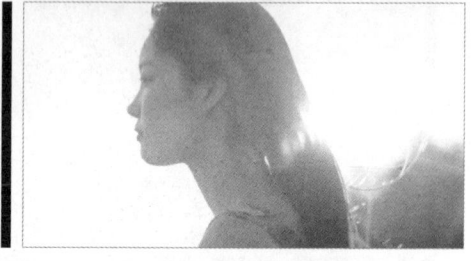
分镜头4

分镜头1：侧面拍摄女性眺望大海的全景画面。
分镜头2：与分镜头1在相同位置、相同角度，推近镜头。
分镜头3：眺望着大海的背影。
分镜头4：从女性的侧面下方靠近，头发遮住些许阳光，散发出点点光环。

充满希望地眺望

分镜头1

分镜头2

分镜头3

分镜头4

分镜头1：从侧面拍摄夕阳美丽余晖的远景画面。
分镜头2：远距离近景拍摄女性仰望上方的画面。
分镜头3：充满希望的表情特写。
分镜头4：逐渐下沉的夕阳，女性主观视角下的场景。
　　　　　纯风景。

悲伤地眺望

分镜头1

分镜头2

分镜头3

分镜头4

分镜头5

分镜头1：水平位置上拍摄腰部以上，双手撑着脸颊。
分镜头2：背影和海面。镜头聚焦在海面上。
分镜头3：侧脸。人物像是要流泪的神情。
分镜头4：海面。这是主观视角下的纯风景。
分镜头5：人物渐渐流下眼泪。

第 1 章

023

12

行李装车

● 这里介绍的是将行李放在汽车后备箱中的分镜头的拍摄方法。由4个分镜头构成，在场景"将行李放在掀背车后备箱中"的分镜头3中，插入车内后备箱的镜头会让画面变化感十足，并制造出趣味感。这样的镜头也经常出现在电影及电视剧中。把后备箱的内侧构图卡在镜头的前面，也能得到很好的效果。

此外，可以将手提包面向摄影机靠近镜头，镜头被手提包遮挡后一片漆黑，借机切入转场。在剪辑处使用黑色的切出、淡出等效果，可以缩短转场的时间，即使下一个分镜头是在不同场所或不同时间发生的，也能自然地连接起来。这是摄影的一个小妙招，请注意积累并灵活运用。

从车内进行拍摄的经典镜头，步骤麻烦却效果显著

行李装车

分镜头1

分镜头2

分镜头3
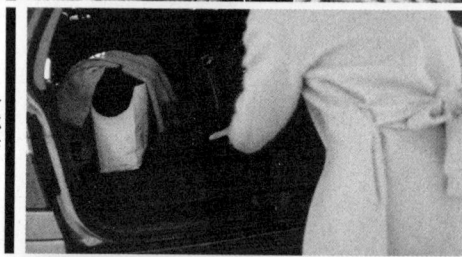

分镜头4

分镜头1：女性入画，提起行李。
分镜头2：拍摄举起行李的上半身动作。
分镜头3：将行李放入掀背车的后备箱中。
分镜头4：关闭汽车后盖。

将行李放在掀背车后备箱中

分镜头1

分镜头2

分镜头3

分镜头4

分镜头5

分镜头1：从车内看到的景象。汽车后盖被打开。
分镜头2：从车外拍摄的影像。正在放手提包的女性。
分镜头3：从车内看到的景象。手提包面对摄影机并靠近，手提包覆盖住摄影机镜头，画面整体变黑。
分镜头4：从车外拍摄的影像。汽车后盖被关上。
分镜头5：从能够看到女性表情的角度进行拍摄，衔接上一个关闭后盖的动作。

将行李放在后排座椅上

分镜头1

分镜头2

分镜头3

分镜头4

分镜头5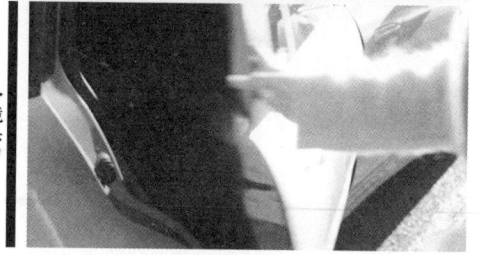

分镜头1：拍摄女性的手靠近后排车门并打开车门的瞬间。
分镜头2：从车内拍摄到的后排座椅。与前面打开车门的瞬间进行连接。
分镜头3：将行李从车外放到车内。
分镜头4：从车内拍摄到的后排座椅。与分镜头2为同一拍摄片段。手提包面对摄影机并靠近，覆盖住摄影机镜头，画面整体变黑并切出。
分镜头5：关上后排车门。分镜头1、分镜头3、分镜头5为同一拍摄片段。

第一章

025

13

下车

● "下车"的基本分镜要点为分镜头2车门打开之后，下车的脚部特写镜头。只露出一只脚，会让人迫不及待地想知道下车的是谁。这种常用的拍摄技巧，你是否也曾在哪里见到过呢？插入这个镜头，能够激起观众的好奇心。

"着急地下车"需要配合演员的表演，用紧凑的剪辑节奏展现出来。分镜头4使用车钥匙锁车的镜头，通过拍摄用手操作车钥匙以及车门的镜头，可以让观众更容易理解画面内容。

在"小心地下车"的分镜头1当中，使用定场镜头（说明场所情况的镜头）从正面拍摄出车与树木之间的狭窄距离。分镜头2是小心地开门，分镜头3中继续拍摄人物小心的神态。表现出"狭窄的情况"和"小心的表情"是拍摄重点。

**下车镜头的拍摄技巧：
只露出一条腿，营造神秘感**

下车

分镜头1

分镜头2

分镜头3

分镜头4

分镜头1：车门被打开。
分镜头2：在打开的车门之间，脚伸了出来。
分镜头3：下车后准备关闭车门的动作。与分镜头2的拍摄角度相反。
分镜头4：车门关闭，女性出画。

着急地下车

分镜头1

分镜头2

分镜头3

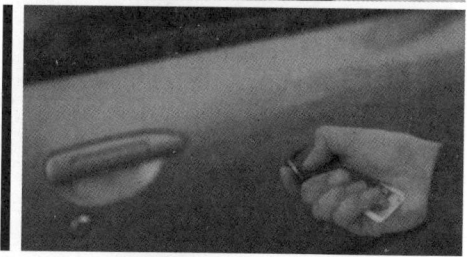

分镜头4

分镜头5

小心地下车

分镜头1

分镜头2

分镜头3

分镜头4

分镜头1：从前车窗外拍摄驾驶室，女性着急地关掉引擎、打开车门。

分镜头2：车门打开后，拍摄匆忙的脚部镜头。

分镜头3：迅速地下车并关上车门的上半身的短暂镜头。

分镜头4：使用车钥匙上锁时的手及旁边的车门。

分镜头5：远景拍摄，人物跑出镜头。

分镜头1：能够一眼看出车子与树木之间的距离（窄）的正面镜头。车门打开。

分镜头2：从车子侧后方拍摄，女性从打开的车门之间小心地下车。

分镜头3：缩小构图，拍摄小心下车时的近景。

分镜头4：人物从车子和树木之间的狭窄空间里走出来，松了一口气并离去。

第一章

027

14 拍摄双人情景时，分镜会越来越多

握手

● "握手"这个动作如果只用一个侧面镜头来展现的话，会显得有点单调。与基础分镜一样，如果有伸出的手（分镜头2）、握手时双方的表情（分镜头3、分镜头4）等切换镜头，可以增加视频的戏剧效果。从"面对面的二人""握手时的手部特写""双方表情的切换"这三个角度来试着拍摄吧。根据设定情境，更改分镜头顺序，将"握手"拍摄得更加生动。

"分别时的握手"拍摄要点在分镜头4当中，需要使用空白的背景（背景中什么也没有）。在空白的背景中两人的手入画并握在一起，之后两人告别。

拍摄时需要注意对焦在握手处（手互相握住的位置），提前将焦点设置在握手的位置。喊出"好，开始握手"后，再拍摄握手时的手部特写，可以减少握手时不对焦的问题。

分镜头1

分镜头2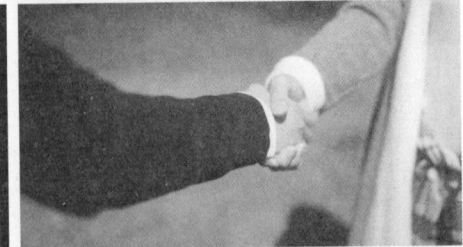

分镜头3
仓本夏希

分镜头4
佐藤友里

分镜头1：从侧面拍摄互相面对的二人。
分镜头2：从斜方向拍摄握在一起的手。
分镜头3：夏希的表情。
分镜头4：切换为友里的表情。

分别时的握手 分镜头4

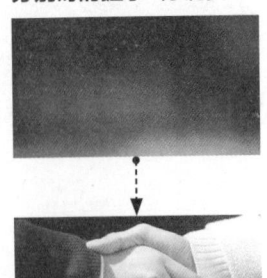
空背景

双方握手入画

初次见面时的握手

分镜头 1

分镜头 2

分镜头 3

分镜头 4

分镜头 5

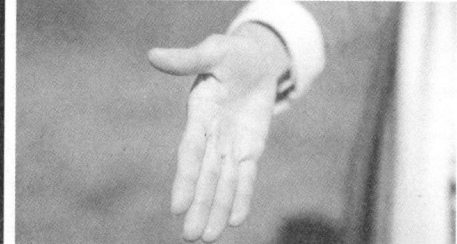

分镜头1：夏希说"初次见面"，拍摄此时的表情。
分镜头2：夏希伸出的手。
分镜头3：从夏希的头部后方拍摄友里的表情。
分镜头4：从侧面拍摄握手特写。
分镜头5：从侧面拍摄两人的中近景。

分别时的握手

分镜头 1

分镜头 2

分镜头 3

分镜头 4

分镜头 5

分镜头1：远景拍摄互相面对着的二人。
分镜头2：从友里的肩部后方拍摄即将出发的夏希。
分镜头3：切换镜头，从夏希的头部后方拍摄送行的友里。
分镜头4：空背景中，双手入画。两只手紧紧地握在一起。
分镜头5：从侧面拍摄离去的夏希。景深较浅。

第一章

029

15 巧妙拍摄"高兴地"与"分别时"的拥抱，完美记录下演员的演技

拥抱

● "拥抱"与前一个动作"握手"相似，分镜也基本上是由侧面拍摄的动作和拥抱时的表情构成。

在拍摄"高兴地拥抱"的分镜头时，演员需要表演出十分高兴并抱在一起旋转的动作。要点是摄影机要和演员一起旋转，且旋转方向与二人相反。通过这个方法，能拍出背景也跟着一起旋转的效果，进一步表现出拥抱时激动的心情。此外，也可以故意加上一些跳跃剪辑，更能表现出此时两人兴奋的心情。

拍摄"分别时的拥抱"时，需要在侧面清晰地拍摄出两人各自的表情。由于拥抱时两人的脸会埋在另一方的肩部，因此很难拍到表情，但这也营造了分别的氛围。需要指导演员，让她在拥抱时或多或少露出面部表情，但是也不能顾此失彼，为了拍表情而让姿势过于夸张。要多使用摄影机寻找最自然、最合适的角度进行拍摄。

分镜头1：从侧面拍摄互相面对的二人。拥抱。
分镜头2：夏希的表情。
分镜头3：从侧面拍摄分开的二人（与分镜头1属同一拍摄片段）。

高兴地拥抱

分镜头 1

分镜头 2

分镜头 3

分镜头 4

分别时的拥抱

分镜头 1

分镜头 2

分镜头 3

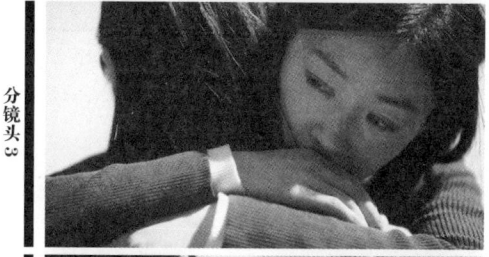

分镜头 4

分镜头 5

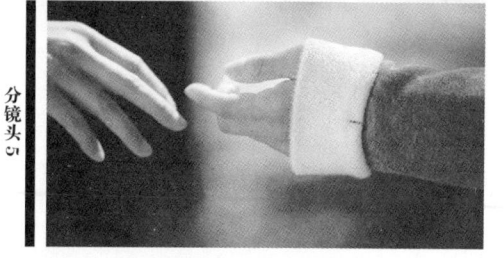

分镜头1：夏希开心地喊着"太好啦！"跑过去，并抱住友里。
分镜头2：边旋转边拍摄二人喜悦的表情特写。
分镜头3：使用跳跃剪辑，切换二人开心旋转的画面。
分镜头4：再次使用跳跃剪辑，拍摄两人喜悦地旋转后，分开状态下的开心画面。

分镜头1：从侧面拍摄紧紧抱在一起的二人。
分镜头2：夏希将脸埋在友里肩上，拍摄此时的表情。
分镜头3：切换镜头，拍摄抱着夏希的友里。
分镜头4：从侧面拍摄分开的二人。
分镜头5：从侧面拍摄依依不舍分开的指尖。

第一章

031

16

再见

● 你会如何表现戏剧性的分别场景呢？人生中会遇到各种各样的分别瞬间。基础分镜中的"再见"就是"那明天见"这种程度的"再见"。将夏希一侧和友里一侧的一系列动作穿插剪辑在一起。因此，分镜头1和分镜头3，分镜头2和分镜头4，各是同一拍摄片段。

拍摄"离别时的再见"分镜头的要点在于夏希转身后的镜头。不是基础分镜"再见"镜头中那样的直接离去，从夏希的转身（分镜头3）连接转身后的正面分镜头4，拍摄夏希的表情并逐渐拉出镜头。最后，再拍摄友里落寞的表情。这便是视频的精妙之处，在现实中转身分别后便再也看不见对方的表情，但通过拍摄却能分别表现出来。

在"站在高处再见"的镜头中，站立位置有高低差，在侧面不太好拍摄，通过分镜头3在肩部后方的拍摄镜头，能明显看出二人位置的高低。

用分镜表现分别后双方的表情

分镜头1：只有夏希的镜头。夏希说"拜拜"，友里回应"再见啦（只有声音）"。
分镜头2：只有友里的镜头。友里说"……再见"。
分镜头3：返回只有夏希的镜头，夏希转身离去。不继续跟焦（与分镜头1同一拍摄片段）。
分镜头4：返回到只有友里的镜头（与分镜头2属于同一拍摄片段）。

离别时的再见

分镜头1：从侧面拍摄面对面的二人。夏希不说话，只是静静地挥手。友里见了也静静地挥了挥手。
分镜头2：只有友里的镜头。友里挥手。
分镜头3：只有夏希的镜头。夏希挥手完毕并转身。
分镜头4：连接转身镜头，跟拍夏希并拉出镜头。
分镜头5：从侧面拍摄友里目送的表情。

站在高处再见

分镜头1：从下方仰拍夏希。
分镜头2：从夏希的位置俯瞰拍摄友里。
分镜头3：切换镜头，从友里的肩部后方拍摄。
分镜头4：拉近拍摄夏希的近景。

第一章

033

17

用两种不同的拍摄类型来表现微妙的"感觉"

● "被朋友叫住，转身回头"中"转身回头"的这种动作，有从前面拍摄和从后面拍摄两种类型。两种类型之间有微妙的差别，在拍摄时根据拍摄的意图分开拍摄或许更好。

在类型1中，使用三脚架从前面拍摄下楼梯的女性。从前面拍摄的话，随着人物走近的动作，会离镜头越来越近（靠近镜头后人像会变得很大），所以调整好三脚架的位置就能顺利拍摄。反过来，在类型2中，要使用手持摄影机跟踪人物拍摄。如果从人物背面架三脚架拍摄的话，随着人物走远的动作，会离镜头越来越远。当然，根据创作意图，如果非要拍摄人物在远处回头的场景，也是可以的。

如果像类型1一样，用固定机位从远景开始拍摄的话，会拍出朋友从远处呼喊的效果。

类型2中追踪摄影，能拍摄出被别人拍了肩部的感觉，与类型1相比，这里的场景中制造出对方在较近的地方叫住了主人公的感觉，十分有趣。

被朋友叫住，转身回头

类型一 从远处被叫住的情况

分镜头1

分镜头2

分镜头1：如果从前面拍摄的话，人物会逐渐靠近镜头，所以使用三脚架提前构图固定拍摄，能够表现出被远处的朋友叫住的微妙感觉。

分镜头2：切换为回头的画面，也使用三脚架拍摄，画面具有稳定感。

类型2 被亲近的人叫住的情况

分镜头1

分镜头2

分镜头3

下一个要点是如何连接"回头"动作。在类型1的分镜头2当中，在站立并回头的地方做好标记，使用三脚架固定并估算好"最终画面"中人物的构图（此时为近景）。让演员表演回头之前的一个动作，也就是在下了两三级台阶之后站立并回头，能够让分镜头1的回头动作与分镜头2的回头之后的动作更加自然。

在类型2中，将分镜头2插入到从后面追踪拍摄的分镜头1之后。回头之前的动作也是使用手持摄影机跟踪拍摄的，可以感受到轻松愉悦的氛围。在分镜头3中，通过使用手持摄影机近距离拍摄回头后的微笑表情，有助于表现出人物内心的喜悦感。与类型1的固定机位拍摄相比，可以发现两者给人的感觉完全不一样。

可以看出，"类型1"更加注重情况的说明，而"类型2"则拥有丰富的情感表现。

分镜头1：使用三脚架固定拍摄的话，人物会离镜头越来越远，因此使用手持摄影机跟踪拍摄。
分镜头2：插入正面镜头。
分镜头3：推入镜头，近距离拍摄近景（比普通近景构图更加紧凑），进一步表现出女孩的愉悦感。

第一章

18

正在走路的女性渐渐靠近

类型一 注重客观性的分镜

● 在拍摄"正在走路的女性渐渐靠近"时，该如何表现人物从画面远处渐渐走近镜头的"走路"动作？由于需要从画面远处走近镜头，如果要用能够表现纵深的镜头的话，那么建议选择人物靠近镜头时能够表现出距离感的镜头。

类型1中的分镜头1使用的是长焦镜头（类型2也相同）。使用长焦镜头的长焦端拍摄从绿色场景远处走近的女性，景深较浅。画面左侧模糊的绿色是为了制造出景深感而刻意拍摄的（草木遮挡了部分画面）。女性进入镜头的画面位置正好是在林荫道上，阳光在林间洒落点点光斑，与旁边湖面上的水波一起给人带来了清爽的感觉。

使用长焦镜头时最好用三脚架进行固定。长焦镜头和变焦镜头的长焦端容易产生抖动，即使使用三脚架拍摄也必须注意防抖。

在这个场景中，需要重视的是"客观性"还是"现场感"？

分镜头2从人物的脚部开始镜头往上摇拍。这也是使用长焦镜头的长焦端搭配三脚架拍摄的。由于景深很浅，人物会渐渐靠近镜头，这里的重点是需要果断地将镜头推近并跟踪人物。

靠近到一定程度后，切换50mm的单焦点镜头进行拍摄（分镜头3）。人物靠近后切换为标准的广角镜头，能够很好地表现出与人物之间的距离感。50mm焦距与F2光圈的效果相似，景深比较浅。虽然画面构图比较宽，但是当人物靠近

分镜头1/分镜头2：用长焦镜头的长焦端减少景深后拍摄。把草木或栏杆挡在镜头前，更能表现出距离感。使用长焦镜头与三脚架拍摄出具有客观性的画面。

分镜头3：换为50mm的标准镜头，表现出与人物之间的距离感。光圈范围与F2基本一致。

类型 2　注重现场感的分镜

分镜头 1

分镜头 2

后，焦点也需要改变。在人物走到镜头前快要出画时，取消对焦，人物渐渐失焦并走出镜头。类型1只使用了三脚架拍摄，这样拍出来的画面稳定且具有客观性。

类型2的分镜头2使用50mm的手持摄影机跟踪拍摄并拉出镜头。比起三脚架固定拍摄，与人物一起走路跟踪拍摄的画面会更具现场感。把握好与人物之间的距离，让焦点保持聚焦即可。

最后以池塘为背景，拍摄人物出画时的侧脸。尤其是在手持摄影机时，为了减少手的抖动，最好使用广角镜头。如果使用变焦镜头，则要用广角端拍摄，可以减少手的抖动。当然，也可以在拉出镜头时和人物一起移动，拍摄出一起散步似的现场感，此时有一定的抖动效果会更好。作为拍摄的一种手段，有时也需要使用抖动效果。

分镜头1：与类型1使用相同的长焦镜头拍摄。
分镜头2：切换为手持摄影机拍摄，表现出与人物一起散步似的现场感。由于手持摄影机拉出镜头时会产生抖动，可以使用变焦镜头的广角端拍摄，以减少抖动。

第一章

19

类型一 能够让观众安心的分镜

● 在"正在读书的女性"镜头中，通过对远景和近景的切换来研究观众对于画面"停顿时间"的感受。通过对视频中时间轴的把握，以及出场画面给到的信息量，来控制观众思考和想象的时间。

这个所谓的"停顿时间"指的是通过改变分镜的顺序，在画面停顿的短暂时间内带给观众不同的感受。通常使用5W1H来表示信息量，也就是"何时（When）""何地（Where）""谁（Who）""做什么（What）""为什么（Why）""如何做（How）"。通过改变信息量的大小来激发观众的想象。虽然镜头切换前仅停留短短的几秒钟，但是它已经足够引起观众的"好奇心"了。

在类型1中，从信息量很大的远景构图开拍。因为远景构图涵盖了很多背景，所以具有很大的信息量。"何时——太阳下山时""何地——公园的长椅上""谁——一位女性""做什么——读书""如何做——安静地"，像这样的分镜头一眼就能看出所有信息，不会让观众产生好奇心。这种拍摄方法适合在没有任何支线剧情，也不需要特别交代说明的时候使用。

通过巧妙插入树叶之间漏下的光影的分镜头，能够很好地表现出时间的流逝。最后的分镜头4画面从女性的斜侧方进行拍摄，使用大光圈减少景深，通过模糊背景来突出人物。用书籍代替反光板，给轻轻低着头的女性补光。

类型2将近景画面作为首个画面。小范围的画面包含的信息量也较少。首先，从侧面拍摄将书拿在手上的画面，

正在读书的女性

分镜头1
分镜头2
分镜头3
分镜头4

分镜头1：首个镜头将所有的信息传达给观众，能够让观众对视频没有什么疑虑，可以安心地观看下去。
分镜头2：相同角度的近景拍摄。
分镜头3：插入镜头表现出时间的流逝。
分镜头4：改变角度，模糊背景，突出人物表情。

类型 2　好像要发生什么事情似的分镜

分镜头 1

分镜头 2

分镜头 3

导入信息"做什么、如何做——安静地看书",再用缓慢的速度向上摇拍,传达信息"谁———位女性"。

　　随后,使用背景的树木来传达信息,"何地——类似于公园的地方",而在首个镜头当中看不出具体的场所位置。分镜头2远距离拍摄正面近景,将人物头顶上方的空间稍微留多一些,通过旁边的景物表达出"在公园里读书"的场景与氛围。

　　最后,通过与类型1首镜头相同的分镜头3远景画面,展示出所有的信息。

　　直到最后一幕出来之前,观众都无法确定具体的场景,这会让他们在观看视频的同时思考是否有特别的表现意图,这样就紧紧地抓住了观众的好奇心。

最开始就说明情况？最后再说明？通过把控信息量来掌握观众的观感

分镜头1: 通过信息量较少的首个镜头,观众会不由得开始注意这位女性。由此也能表达出她沉浸在阅读之中。使用大光圈拍摄,减少景深,更加凸显女性。

分镜头2/分镜头3: 通过逐渐增加信息量,给予观众更多的想象空间。

第一章

039

20 在约定场所等待他人的女性

是表现等待的这个瞬间呢？还是表现长时间等待的过程呢？

● "在约定场所等待他人的女性"镜头中，表现"等待"这个瞬间时，需要沿着时间轴表现"现在"的场景。在表现"（对方迟迟不来）长时间等待的过程"时，可以试着表现时间飞逝（缩短）。此外，如果在拍摄中加入女性等待时的主观视角画面，给人的印象是否会有所不同呢？视频一般由客观性的画面构成。画面中的主人公或演员演绎着在各种场景中发生的故事，但拍摄时可以根据表现需求的不同，在视频中插入一些主人公的"主观"视角画面。

类型1与类型2的首个镜头是相同的。在女性旁边的钟表映到了镜头中，首个镜头就交代出了"等待"的场景。在类型1的分镜头2中，拍摄了较近的女性的特写，显出了一丝焦急以及慌张的神色。

分镜头3拍摄了女性的后脑勺，以及在曲折的林荫道尽头并没有赶来赴约的人的客观景象。但这并不是女性视角里看到的事物，所以并不能完全地带入情感，只能客观地表现出"女性正在等待"的场景。时间的流逝速度就是观影此刻的时间流速。

类型2中的分镜头2没有拍摄女性，而是从女性的主观视角来拍摄，摄影机镜头即女性的主观视角，她孤零零地看着曲折的林荫道。与客观镜头相比，能更好地表现出人物的感情。可以通过手持摄影机左右摇晃来模拟视线的左右平移。在拍摄主观镜头时，需要与女性站在同一位置进行拍摄，但为了拍摄出旁边道路的幽深感，保证摄影的良好感觉，也可以稍微进行位置调整。

类型一 长时间等待别人

分镜头1：通过首个镜头中出现在背后的钟表来表现出"在指定场所见面"。

分镜头2：使用手持摄影机近距离拍摄"女性焦急的表情"。

分镜头3：切换镜头拍摄女性的后脑勺，随着时间的流逝自然衔接。

类型 2　加入人物主观镜头

分镜头 1

分镜头 2

分镜头 3

分镜头3从女性的左下侧拍摄人物的视线，制造出女性比较着急的画面感。通常在拍摄时需要将人物视线方向一侧的空间稍微留大一些。为了拍摄出视线的尽头存在着某种事物（人物或者看到的东西）似的感觉，由于此时视线尽头没有人存在，将视线方向留白太多的话反而会影响拍摄的效果，因此这里故意打破原有的构图，把视线靠近画面边缘并进行拍摄。通过这种不稳定的构图，能够更好地表现出等候的对象迟迟不出现时女性的着急心情。

在主观图像分镜头2后插入分镜头3，展现时间的推移，就像旁边的钟表所指的一样，25分钟就这样过去了。在表现时间飞逝时，可以在中间插入其他画面再切回，这样也不会让人感到别扭。此次是插入了主观镜头，你也可以插入附近的景物或者太阳来表现时间的流逝。

可以根据拍摄的意图来更换主观与客观的画面，主观镜头主要用于追加人物的感受和体验，在想要强调人物情感时使用，客观镜头是在拍摄客观的旁观者视角时使用。

分镜头1：与类型1相同的镜头。
分镜头2：加入了主观视角画面。镜头左右晃动模仿女性视线移动、左右张望的感觉。
分镜头3：通过插入分镜头2的主观画面，消除构图变化、站立位置变化以及时间变化的违和感。

第一章

041

21

在站台等车的女性

● 在拍摄"在站台等车的女性"中，拍摄了一个女性在站台等候的几个分镜头。单纯地拍摄"在站台等车"的动作，似乎只需要在"站台"等候的地方拍照即可，但让我们使用多镜头重叠的方法来验证一下这些拍摄方法的不同之处。在类型1和类型2中，相同的"在站台等候"动作，根据设置情境的不同，来决定是要细致地拍摄剪辑还是粗略地处理即可。

类型1的首个镜头是"站台"本身。分镜头2是看着时间表的女性的特写镜头。这是到达"站台"后，首先要采取的一个动作。在分镜头3中仅插入"时间表"的镜头。通过这个镜头可以清楚地知道人物看到了什么。

作为场景转换，从马路对面拍摄了女性的正面远景照（分镜头4）。这时，特意等待汽车行驶到面前再进行拍摄。我拍摄了几辆经过的汽车，但在剪辑时只使用了两辆车经过时的场景。如果是乡村风景，则可以在没有任何东西通过的地方拍摄，并以此表现出悠闲的景象。如果是在喧闹的城市里，则要试图表现出车辆川流不息的场景，可以根据具体情况来灵活应用。

在类型1公交车的到达场景中，分镜头5从女性的肩膀后方拍摄，并在之后插入从马路对面拍摄公交车进入镜头的远景画面的分镜头6，构成多角度的分镜。像这样从多个角度拍摄，适合用两台摄影机同时拍摄。但由于这次是单摄影机拍摄，在拍摄了马路对面的公交车后，再从人物肩部后方等待公交车到来并进行拍摄，所以实际上拍摄的是另一辆公交车。

类型2的首个镜头是在女性的身后映

类型一 镜头重叠进行拍摄

分镜头1

分镜头2

分镜头3

分镜头1：将"在站台等待"这个动作分为等公交车、公交车来了这两个不同的画面，并分别进行细致的拍摄。首个镜头拍摄了"站台"，并给出信息。
分镜头2：（可能）在看时间表的女性的面部特写。
分镜头3：时间表特写，确定看到的事物。

入站台，仅用了一个镜头就表现出了"在站台等车的女性"。通过这种方式将多个信息放在同一个画面中，可以缩短画面，还可以将信息简单地传达给观众，最好根据情境区别使用。在分镜头2中，公交车很快出现，并停靠在眼前。虽然仅用两个分镜头表现，省略了"查看时间表"的动作，观众也能够看明白。

*

这里介绍了站台等车的案例，但是这种拍摄手法也可以应用于"在铁路道口等待"等情景中。这里已经将精细镜头改写

类型 2　使用简洁的镜头表现出好的效果

分镜头4：在道路对面拍摄。
分镜头5：回到站台一侧，越过人物肩部拍摄公交车到达。
分镜头6：公交车到达时，在马路对面看到的场景，表现出了具有节奏感的画面。
分镜头7：与分镜头5相同，是公交车到达时的一系列场景。

为"文字剧本"，那么请开始你的实际拍摄和剪辑吧。铁路道口红灯开始鸣响，路闸放下，站住的人群与暂停的汽车、等待

分镜头1：用最简短的两个镜头来表现"在站台等待"。第一个镜头以站牌为背景拍摄女性，给出了简单明了的信息。将信息整理到一个镜头中表达。不想将场景拍摄时间拖得太长时适合使用这种镜头。
分镜头2：公交车到达后的镜头，不用分镜直接使用。

的女性及其面部表情，火车驶来，火车通过，路闸抬起，女性夹在人群中通过铁路道口。

重复堆叠的分镜头与最简洁的分镜头

第一章

043

22

通过调整拍摄角度 改变画面氛围

● 在"骑上自行车准备出发的女性"的镜头中，我们来研究一下从各种角度拍摄画面的区别。拍摄角度的不同决定了画面上物体的大小，进而影响画面构图的质量，因此在选择时一定要注意。如果赶时间，随便就让人物进入画面的任意角度拍摄，回顾时就会发现构图混乱等一系列的问题。

从多个角度拍摄，能够更好地捕捉拍摄对象的优点，特别是汽车、自行车等需要选择角度来拍摄的物体。根据拍摄的角度能改变物体的大小，给人的印象会产生很大的差别。这次，我们来介绍一下以自行车为主题的随意拍摄与注重角度拍摄的差异。

类型1只是单纯地骑自行车然后出发。分镜头1中不过多地考虑画面的构成，仅在较远距离下拍摄自行车和骑自行车的女性的全景画面。

当女性进入镜头、蹬开脚撑时，将画面连接到拍摄骑跨动作的分镜头2中。在剪辑过程中，将蹬开脚撑的动作切到下一个镜头。

分镜头3的远景也同样没有使用任何技巧，直接用三脚架固定机位拍摄自行车驶出画面的镜头。

类型一　不考虑角度 随意拍摄

分镜头1：不考虑画面构图，仅单纯地将景物收入镜头中。
分镜头2：在蹬开脚撑的动作后连接坐上座椅、踩上脚踏板的动作。
分镜头3：拍摄整体的出发画面。从表现意图来说，此场景拍摄的是普通的女性普通地骑上自行车出发的画面。

骑上自行车准备出发的女性

类型2 注重拍摄角度的拍摄

分镜头1

分镜头2

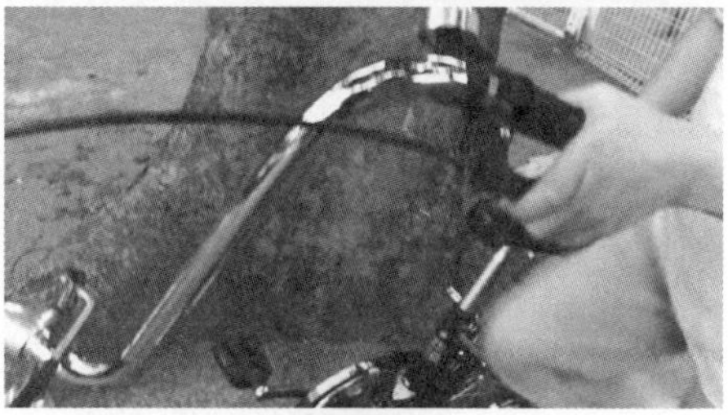

分镜头3

分镜头4

在类型2中，分镜头1是在自行车后部相当低的角度放置三脚架进行拍摄的。在使用这样的低角度拍摄自行车或摩托车时，会让后轮看起来很酷，而且动感十足。构图上使自行车的上下紧贴屏幕边缘，拍摄自行车紧凑的全景画面。

之后一位女性入画，朝着摄影方向用力蹬开脚撑，然后插入短暂的分镜头2。在剪辑时，连接的时机是用力踢开脚撑、跨骑到自行车上那一刻的镜头，而不是直接与踢腿的动作连接在一起。在跨骑到自行车上并将脚踩在踏板上的瞬间，切换到从顶部拍摄的自行车把手画面。

切换镜头，从自行车的前部拍摄分镜头3。将车灯靠近画面前方，前轮上部看起来气势十足，并让人物把脚放在脚踏板上。在最后的分镜头4中，使用近距离的全景画面拍摄开始骑自行车的女性，在自行车驶出的同时缩小镜头，增加画面动感。此时也是从一个较低的角度进行拍摄的。

虽然都是"骑上自行车出发"的动作，但是给人的印象完全不同。当然，视频的拍摄方式会根据制作意图而变化，因此不一定总是需要用低角度拍摄。最好提前阅读拍摄的剧本，考虑一下拍摄的意图，灵活拍摄不同的视频。

分镜头1：拍摄自行车的最佳方法是拍摄角度紧挨地面。
分镜头2/分镜头3：坐车、脚踩踏板等，仅需短暂的镜头即可获得更好的效果。
分镜头4：最后一个镜头，在自行车驶出画面的同时向后缩小镜头，从而增加画面的动感。适用于主人公下了某种决心后、骑上自行车出发的故事情境表现。

第一章

045

23

仔细展示作品细节的分镜与具有节奏感的分镜

● 如果完全按照动作发生的自然顺序进行拍摄，将无法避免拍摄时间过长的问题。在拍摄时为了连接前后剧情，会要求演员从动作发生的前几分钟就开始表演，在剪辑时为了衔接前后动作，也会保留拍摄时的"预留镜头"，而且一些动作本身就有"准备动作"。并且，为了方便剪辑，有时还会要求演员在一段时间内重复做出相同的动作。更不论有时要拍摄长镜头，有时还要改变构图进行两到三次的重复拍摄。

就像这样，在拍摄过程中积累了非常多的拍摄素材。如果还没有掌握剪辑的方法和节奏，很多人就会把拍到的东西直接拿来用。这样的话，一个分镜头的时长就已经很长，再把这些很长的分镜头连到一起，成片就会变得又漫长又无聊。虽然细

冲咖啡的女性

类型一　严格按照顺序进行剪辑

① 磨咖啡豆
② 烧开水
③ 放置过滤器
④ 倒入开水
⑤ 端到桌子上喝

046

使用插入画面来缩短时间

类型 2

致地拍摄能全面地展示完整的动作过程，但所谓剪辑，就是要通过整理拍摄的东西，使视频便于观众观看。

这次，将类型1中的"冲咖啡的女性"动作直接保持原样进行剪辑和连接，在类型2中使用简单易懂的节奏剪辑。在拍摄把咖啡豆从瓶子里转移到手动研磨机这个镜头时，在类型1中，她拿了两次，而在类型2中，只拿了一次。在拍摄磨咖啡的镜头时，在类型1中完整保留了在手动研磨机上研磨豆子的重复动作，视频时长就是实际的动作时长，导致这个镜头的时间过长。

类型2是先插入了点燃燃气灶的镜头，烧水的同时磨咖啡豆，缩短了视频时间。在日常生活中，很多人都会在烧水的同时磨咖啡豆，因此观众在观看时也不会觉得别扭。顺便一提，在拍摄时，为了拍好研磨咖啡豆、点火、烧水等每一个镜头，拍摄时长超过实际动作时长的情况也很正常。

除此以外，在类型1中，展示了磨咖啡时咖啡粉在研磨机里渐渐堆成一座小山的画面，并且还向下摇拍给出了特写镜头。在类型2中，却在磨咖啡豆时插入了水沸腾的声音，通过这种方式进一步缩短了时间并加快了节奏。

在类型1中，拍摄了点火、热锅、开水沸腾，紧接着将纸放在过滤器上，然后倒入热水的整个过程。在类型2中，则省略了将纸放在过滤器上的镜头，直接拍摄倒水的镜头。

类型1的最后一个镜头是将成品咖啡一步步地端到餐桌上并饮用。而在类型2中，以插入形式展现了将成品咖啡放在餐桌上，替代了一步步走过来坐下的动作。通过巧妙地切换画面让观众不会产生厌倦感。最后的一个镜头是女性正在愉快地喝着咖啡。

类型1：根据每个镜头的拍摄顺序进行剪辑，从取出冰箱中的咖啡豆开始，研磨咖啡豆、烧开水、放置过滤器、在桌上倒热水和喝咖啡。并没有削减很多拍摄画面，所以它接近真实的流程。适合表现下午轻松的咖啡时间。总长度为1分50秒。

类型2：带有黑色粗边框的是插入镜头。缩短了研磨咖啡豆的时间以及将咖啡端到桌子上的时间，一些动作与烧水同时进行，但是并不会产生任何违和感。总长度为48秒。

第一章

047

24

即使做出相同的动作，使用不同的拍摄手法拍出的视频也大有不同

● 在拍摄"观看数字视频光盘的女性"的镜头时，让演员做出相同的动作，却使用两种不同的拍摄方法，让我们来看看两者给人的印象分别是怎样的。

类型1不为拍摄添加任何特殊效果。与人物保持适当的距离，也尽可能地减少手持拍摄的抖动，因此"客观感"很强，看起来像是对"观看数字视频光盘"的情况说明。

在类型2的拍摄手法中，插入了人物的表情特写。最大的区别是与人物之间的距离发生了变化。由于镜头距离人物非常近，因此比起"放碟片"和"观看数字视频光盘"等动作，更容易让人关注到女性本身。并且故意使用了手持摄影机拍摄抖动的画面，增强了影片给人的焦虑感。

就像这样，即使演员的表演方式完全相同，也可以通过改变拍摄方式来改变传达给观众的印象。

观看数字视频光盘的女性

类型一 摄影机不添加任何特殊效果拍摄

分镜头1 
分镜头2 
分镜头3 
分镜头4 
分镜头5 
分镜头6 
分镜头7

分镜头1：拿着光盘的女性入画，将光盘放入播放器中。
分镜头2：使用三脚架拍摄稳定的画面，打开播放器托盘并放入光盘。
分镜头3：使用手持拍摄，起身并操作遥控器。与人物的距离适中。
分镜头4：切换到操作遥控器的画面。
分镜头5：从斜后方使用三脚架拍摄，开始观看视频，有安定感的大画面。
分镜头6：越过撑在地毯上的人物左手，从低角度拍摄液晶电视。摄影机直接放在地板上。
分镜头7：最后是一个近距离的全景画面，与人物的距离适中，拍摄其观看视频时的表情。

048

类型 2 加入了摄影机效果进行拍摄

分镜头1：与类型1相同的镜头。拿着光盘的女性入画，将光盘放入播放器中。

分镜头2：人物爬过去伸手按播放按钮。手持拍摄。

分镜头3：切换为构图相似的画面，有种跳跃剪辑的感觉，并大胆摇晃摄影机跟拍托盘上的手。

分镜头4：起身并操作遥控器。通过不稳定的手持拍摄来缩小与人物的距离，可以给人一种压迫感。

分镜头5：与类型1相同。插入一个操作遥控器的镜头。

分镜头6/分镜头7：故意增加手的晃动，镜头间的衔接干脆利落。

分镜头8：从人物的侧面俯瞰远摄。使用手持摄影机晃动拍摄，增加了画面的不安定感。

分镜头9：使用长焦镜头拍摄，从人物的脚开始向上摇拍，最后放大并拍摄侧脸。

分镜头10：从人物正面倾斜角度进行拍摄。

分镜头11：在与人物视线相同的高度上，拍摄观看视频的背影。

分镜头12：最后一幕是用长焦镜头拍摄的脸部特写。通过手持摄影的晃动为视频添加一定的效果。

第一章

049

25

类型一 来自朋友的电话

接电话的女性

● 在第044页中，我们讨论了在什么角度下能够将自行车和汽车拍得更好看。在拍摄"接电话的女性"分镜头时，我们也尝试改变拍摄角度，仅用一个镜头就大大改变场景印象。

※

在"接听电话"的动作场景中，女演员表演了两种模式：类型1"来自朋友的电话"和类型2"来自不喜欢的人的电话"。由于演绎的动作不同，因此两者给人的印象完全不同，但两者的拍摄构图与基本角度是几乎相同的。

镜头总体构成可以划分为三个画幅：①远距离拍摄的中景；②远距离拍摄的近景；③特写。但是，类型2中有一个镜头不太一样，即使同样是远距离拍摄的近景，拍摄"来自不喜欢的人的电话"时，尝试用低角度拍摄女性思考接还是不接电话的表情，这个拍摄角度就是此次拍摄的要点。

在类型1与类型2中，分镜头1都是使用构图较大的远距离中景，拍摄电话打进来时的情景。类型1中立刻连接上了分镜头2，女性立即接听了电话，将电话放到耳边。在类型2中，犹豫要不要接电话时，插入了远距离拍摄的近景。只需插入一幕像这样具有冲击力的镜头，就可以为整个作品添加强烈的印象。

类型1的分镜头2通过远距离拍摄的近景，表现了女性与好久不见的朋友高兴地聊天的画面。类型2的分镜头3与分镜头1使用了相同的一幕，是它的后续镜头。女性最终决定接电话。类型1的分镜头3为特写镜头。镜头在轻松愉快的谈话中渐渐靠近人物。最后以一个近距离的特写镜头结束拍摄。

分镜头1

分镜头2

分镜头3

050

类型 2 来自不喜欢的人的电话

分镜头 1

分镜头 2

分镜头 3

分镜头 4

使用低角度拍摄人物的表情能够表现出"烦恼""不安"的情绪

　　类型2的分镜头4使用近距离的特写拍摄女性的面部，反映了女性不开心的表情。凭借这样的演绎，即使不使用分镜头2的低角度拍摄也能表达出人物情绪，但是通过添加了分镜头2，给人的印象便会大大改变。同时它也是导入分镜头4的伏笔，能够让观众更好地理解剧情。从某种意义上说，这个低角度的镜头，是改变场景氛围（来自不喜欢的人的电话）的必要镜头。

＊

　　剪辑分镜头时，如果"想要给人什么印象"或"想要展现什么"，一定要注重拍摄的角度和构图的方式。

类型1
分镜头1：接听电话时远距离拍摄中景。
分镜头2：和朋友愉快地聊天时远距离拍摄近景。
分镜头3：逐渐将摄影机靠近，最后以拍摄特写结束。

类型2
分镜头1：不愿立即接听电话时远距离拍摄中景。
分镜头2：从低角度远距离拍摄近景，犹豫要不要接电话。这里的角度很重要。
分镜头3：分镜头1的下一幕，接听电话。
分镜头4：不太愉快地接听电话时的特写。

第一章

26

类型一 倾听舒缓的音乐

● 拍摄"用移动播放器听音乐"的分镜头时，有以下三种表演动作：①将移动播放器从包（口袋等）中取出；②戴上耳机；③听音乐。此外，还可以结合正在听的歌曲，改变拍摄和剪辑的方法。

此次，演员将表演两种类型，类型1为聆听古典音乐和慢节奏歌曲，类型2则是摇滚和轻快的流行音乐。在拍摄计划中，将使用平稳的三脚架拍摄类型1，营造安心沉稳的氛围。类型2则使用手持摄影机进行拍摄。

将一个动作进行精细剪辑 表现"轻快感"

＊

首先来看类型1。分镜头1拍摄了女性试图将移动播放器从包中取出的镜头，使用三脚架固定拍摄远距离的中近景。分镜头2是从包中取出移动播放器的特写镜头，使用三脚架跟拍移动播放器。分镜头3是分镜头1的延续，取出移动播放器并拿出耳机线。分镜头4中向上摇拍女性戴耳机时的手部动作。在分镜头5中，将摄影机固定在三脚架上，拍摄操作移动播放器时的手部特写。分镜头6拍摄女性坐在椅子上听音乐的正面全景镜头。通过标准的剪辑方法，将拍摄素材完整地展现出来。

接下来是类型2。分镜头1与类型1的有所不同，使用手持摄影机跟拍女性将移动播放器从包中取出的动作。跳跃剪辑到分镜头2，一般情况下此时的构图通常被认为是效果不佳的。此时的画面具有粗糙感，镜头似乎快要丢失拍摄对象。

在分镜头3中使用向上摇拍拍摄女性尝试戴上耳机，跳跃剪辑到分镜头4，女性已经戴好了耳机，这

类型1：时间缓慢流逝的轻松氛围。用非常标准的剪辑方法将在三脚架上拍摄的图像连接起来，能够让人感受到聆听古典音乐和慢节奏歌曲时的氛围。

类型2：粗略的手持拍摄和轻快的跳跃剪辑。重点是没有远摄的图片。在粗略和简短的镜头中，使用三脚架固定拍摄（分镜头8）的场景更加突出。

用移动播放器听音乐

分镜头1
分镜头2
分镜头3
分镜头4
分镜头5
分镜头6

类型 2　倾听轻快的音乐

分镜头 1
分镜头 2
分镜头 3
分镜头 4
分镜头 5
分镜头 6
分镜头 7
分镜头 8
分镜头 9

种剪接方式十分前卫。分镜头5插入了操作移动播放器的简短镜头。接下来在分镜头6中插入了简短的女性特写。分镜头7也很短，女性完成了操作并握住播放器。分镜头8与分镜头7的动作并不连续，但是在这种快节奏的剪辑画面中，这样大胆地连接也不会出现违和感。

　　实际上，只有分镜头8使用了三脚架拍摄。演员好像听到了一首节奏较好的歌并随歌打着节拍，这里通过固定机位拍摄来凸显演员的动作。此外，突然改变了之前的快节奏剪辑风格，使用长镜头拍摄开始聆听歌曲的画面。

　　分镜头9切换为手持拍摄，倾斜摄影机拍摄近景和远景。

　　两种拍摄类型都做了静音处理，从这两种类型的画面中，你能看出女性听的是什么类型的音乐吗？

第一章

27

将一系列的动作剪辑为多个分镜头，消除长视频的冗长乏味感

类型一 最简单的镜头连接

● 拍摄"开门上车的女性"时，车子的分镜头可以从"车外"和"车内"分别进行拍摄。简单拍摄的情况下只需要拍摄两个分镜头，一个是在车外，拍摄演员打开门上车，另一个是在车内，等待演员进入。可以将车外开门的动作与车内开门的动作连接起来。这就是类型1。可以在缺少拍摄时间时使用，分别拍摄两个镜头就能进行剪接了。

但这样的拍摄很乏味。当拍摄某个动作时，可以挑选并突出动作中的某些细节或行为，把握剪辑的节奏。这里以类型2为例进行剪辑，让我们具体来看一下。

分镜头1与类型1的相同。女性入画，把手伸到车门的那一刻，切换为分镜头2。分镜头2越过机盖拍摄女性打开车门。分镜头3从汽车内部拍摄，与上车的动作连接。

分镜头4是在上车时系安全带的动作。拉出安全带，并对系安全带的动作拍摄特写。分镜头5为分镜头3一系列动作的后续。

分镜头6为调整后视镜的画面，后视镜映出女性的眼睛。分镜头7则是分镜头3的后续画面，拍摄人物打开点火装置启动引擎的动作。分镜头8是引擎的启动表盘的特写。最后的分镜头9也是分镜头3的后续画面。

与类型1相对，类型2选择了4个动作并插入。这些镜头在电影以及电视剧中也经常出现。这种简单易懂、任何人都可能看过的经典镜头，在剪辑时很有帮助。我们最好能将各种经典镜头存在自己的脑海里，必要时即可灵活运用。

开门上车的女性

分镜头1

分镜头2

挑选拍摄动作，把握剪辑节奏

类型 2

分镜头 3 / 分镜头 4 / 分镜头 5 / 分镜头 6

分镜头 7 / 分镜头 8 / 分镜头 9

● 挑选的镜头

类型1：用两个分镜头就可以简单展示。从车外打开车门的镜头开始，到进入车内上车的镜头结束。只需要拍摄两个镜头就可以自然地连接起来了。

类型2：挑选在"上车"动作中一些细微的动作进行展示。分镜头2：打开车门时从不同角度拍摄的画面。分镜头4：系安全带时拍摄的特写画面。分镜头6：通过车内后视镜拍摄。分镜头8：仪表盘发动机启动。将这4个分镜头插入到视频中，可以剪辑出具有节奏感的成片。特别是分镜头6和分镜头8的开车经典镜头，可以让观众更好地理解。

第一章

055

28

在不能拍摄远景的场所中，最有效的拍摄方法是？

◉ 这里介绍的是在较小的房间或狭小的空间内的分镜。有时，制作部门寻找的外景拍摄地点有些地方可能会"难以拍摄"。场所本身是适合拍摄的，并且贴合作品氛围，但是由于场地狭窄，可能无法放置三脚架，也难以移动摄影机，更不能拍摄与人物距离稍远的画面（远距离拍摄），背景也只能拍到白墙等。从拍摄的角度出发，这种房间难以拍摄，甚至无法拍摄。这次让我们来看看如何在狭窄的空间中进行拍摄，其中类型1由远镜头画面构成，类型2由近镜头画面构成。

＊

此次我们选择了一个典型的难以拍摄的地方，也就是"洗手间/更衣室"。首先，由于不能放置三脚架，所以只能选择手持拍摄。另外，为了拍摄远一点的镜头，要坐在洗脸盆旁边，贴近墙壁边缘拍摄，但背景部分也只能拍到白墙。即使使用了广角镜头，拍摄范围也有一定的局限，并且除非有特定的表现意图，否则不能使用鱼眼。

类型1中尽可能地进行了远距离拍摄。分镜头1是打开洗手间的门并从门外拍摄洗手间的镜头。由于这将是首个镜头，因此要尽可能多地囊括信息。接下来的分镜头2为正面拍摄，坐在洗漱台上，背靠着洗漱台后面的墙壁拍摄女性绑头发的样子。使用16：9的画幅把人物张开的双臂收进画面中。

在洗手间中可以利用镜子制造景深。分镜头3是通过镜子拍摄的背影，但由于拍摄距离过远，镜子中的人物显得很小，这里与其说是利用了镜子中的空间，还不如说只是把人物背影收入镜头中而已。分

绑头发的女性

类型 一　远镜头构成的分镜

分镜头1

分镜头2

分镜头3

分镜头4

分镜头5

在狭小的空间（如洗手间）中拍摄时，重要的是要如何保持与人物间的拍摄距离。但即使拉远了镜头，画面通常也比较乏味，因为唯一的背景就是白墙。类型1是用尽可能保持远距离拍摄的画面剪辑而成的。

056

类型2　近镜头构成的分镜

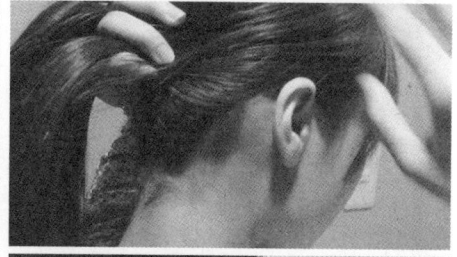

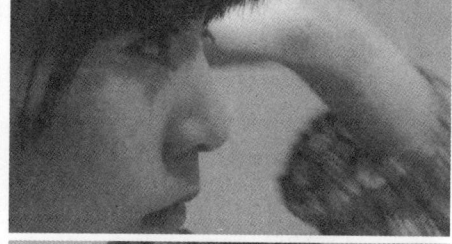

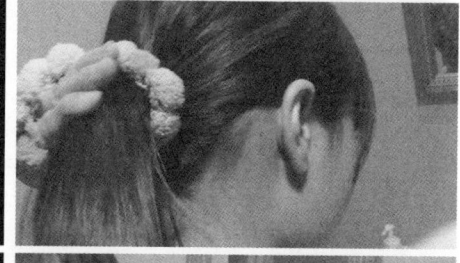

分镜头1

分镜头2

分镜头3

分镜头4

分镜头5

通过特写拍摄而不是强行拍摄远镜头画面，不仅可以拍出现场感，还可以为人物增添性感印象。分镜头3的侧脸镜头的墙壁面积也比类型1小，并且具有更好的画面比例。分镜头5通过镜子拍摄的经典镜头也比类型1的效果更好。

镜头4是从侧面拍摄的女性绑头发的镜头。此镜头中的墙壁占了画面太大比例，构图不尽如人意。分镜头5拍摄女性绑好头发并进行整理的动作，与分镜头2角度相同。

　　类型2也是在同一间洗手间，没有强行拉远镜头而是进行近距离拍摄并剪辑。索性利用狭小空间拍摄特写镜头，使画面更加具有现场感。分镜头1是从人物右侧斜对面拍摄的特写镜头。分镜头2与分镜头1的构图大致相同。拍摄女性将头发束在头后部的背影镜头，颈部线条看起来很性感。

　　分镜头3从侧面拍摄眼睛的特写。如果像类型1那样从侧面远距离拍摄，墙壁就占了画面太大比例，因此，可以像这样拍摄特写画面，改善屏幕的构图。分镜头4是绑头绳的大特写画面。分镜头5是照镜子的画面。将头和手放在前景中，可以突出镜子的景深。如果想要有效地利用镜子改善构图，则应采取这样的特写构图方式。

　　在狭窄空间中拍摄，如果全部使用远镜头拍摄的话，构图看起来反而会不尽如人意，要当心千万别拍成乏味的视频。

29

类型一 改变构图进行剪辑的分镜

● 伸开双臂，闭上眼睛，放松脖子和僵硬的肩膀，做完伸展时，似乎会感到轻松一些。这样简单的伸懒腰动作应如何拍摄呢？在这里，我打算简单介绍一下剪辑方式。当我们拍摄人的动作时，脑海中要事先预想剪辑后的效果，从而切换近镜头和远镜头交替进行拍摄，并且改变拍摄人物的角度和方式。在此次拍摄中，我们要求女演员重复摆出伸懒腰的动作，分别拍摄远镜头和近镜头两段画面，通过后期的剪辑，得到了类型1和类型2的镜头。

*

类型1是"通过改变构图来剪辑镜头"的剪辑方式。分镜头1使用了远距离拍摄的女性伸懒腰的近景片段1。在开始伸展手臂时切换到近镜头分镜头2（片段2），之后接着使用片段2的素材。

动作的衔接点是开始伸胳膊的那一刻。如果想要将片段1和片段2更好地连接起来，建议您可以通过反复试验找出最佳衔接点。可以找一个第三者观看，检查影片是否有任何不连贯之处。然后，类型1直接以片段2的特写画面结束。

类型2中使用了相同的远镜头片段1和近镜头片段2，虽然两种类型的拍摄动作相同，但是在剪辑阶段插入了片段2的素材。在这种情况下，以片段1的远镜头画面为基础，插入片段2的近镜头画面。

分镜头1是片段1的远镜头画面，女性开始"伸懒腰"。接着在分镜头2中插入片段2的伸展手臂的动作。片段2是从上方俯瞰拍摄的"伸懒腰"近景。故意

伸懒腰的女性

分镜头1

分镜头2

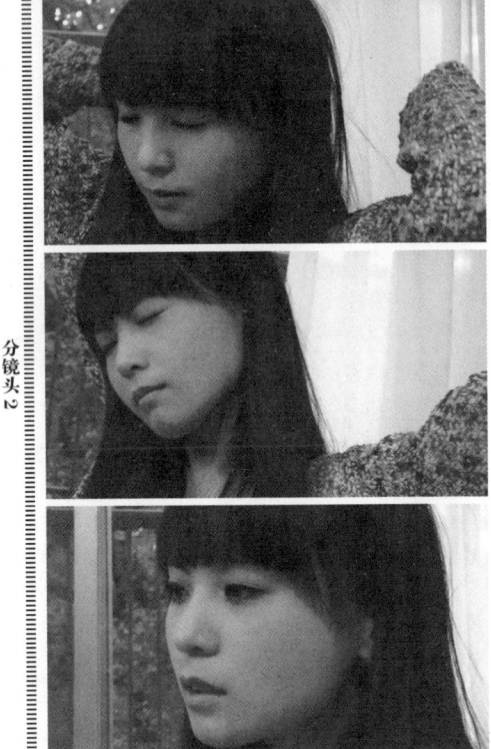

"通过改变构图来剪辑镜头"。除非构图发生较大变化，否则这种方法将不起作用，因此拍摄时请务必注意。由于只显示了两个分镜头，因此给人比较平静的感觉。

类型12 使用插入画面构成的分镜

分镜头1

分镜头2

分镜头3

分镜头4

分镜头5

破坏摄影机的水平高度，拍摄不稳定的画面。分镜头3回到片段1中，女性的脖子向后倾。

缩短分镜头3的远镜头画面，并再次插入片段2从较高位置拍摄的特写画面分镜头4，最后是分镜头5，以伸懒腰后平静下来的远镜头结束。虽然插入镜头节奏都较快，但是在最后的远摄镜头中的"结束"动作中，气氛回归平静。

此次，类型1和类型2都只拍摄了远镜头和近镜头两个片段，根据剪辑方法的不同，画面的变化也不一样。要结合作品的氛围和印象，适当改变剪辑的节奏和分镜来表现拍摄的内容。

远近结合剪辑镜头还是插入画面剪辑镜头？

把片段2的特写画面作为"插入镜头"使用的范例。简单的"伸懒腰"动作，通过不同构图的插入画面产生了很好的节奏感。要根据作品类型的不同区别使用。

● 远镜头拍摄 片段1 ▬▬▬▬
● 近镜头拍摄 片段2 ⅢⅢⅢⅢⅢⅢⅢ

第一章

059

第2章

日常动作的分镜

在本章中，我们将介绍日常生活中常见的各种场景、各种人物动作的拍摄示例。我们将展示使用各种工具的分镜、在办公室中办公的分镜、在旅游地点自由活动的分镜，以及从早晨醒来到享用早餐的一系列分镜。当然日常生活中还有很多更具体的动作，但通过学习这些范例，应该足以掌握拍摄技巧。

30

通过剪辑标志性动作
展现日常的电脑操作

操作电脑

● 根据使用工具的不同，会产生各种不同的标志性动作。在第2章中，我们将多次以使用不同"工具"为主题分别进行介绍。首先是"操作电脑"，我曾经参与了企业宣传片的制作，操作电脑的场景算是经典的工作场景之一。

"打字"的4个分镜头是在任何场景中都可以使用的经典画面。这次我们将采用标准的构图方式来进行拍摄，但你也可以通过插入近距离的画面或眼部特写镜头等表现出"认真工作"的感觉。

在办公室实际拍摄时，会受到各种条件的限制。例如，如果办公桌面向墙壁，就无法从正面拍摄人物的表情，因此必须从左右两侧进行拍摄。但是从两侧拍摄时容易忽略人物的视线方向，会导致成片中的人物视线和电脑屏幕都朝着同一方向（参考第7章 效果欠佳篇：导致混乱的分镜）。

在"插入电源并启动"的镜头中，剪辑的重点是如何缩短从按下电源按钮到启动的等待时间。在此示例中，我们将按下电源按钮后的启动音放入后续的分镜头4中，与电脑屏幕的登录界面连接。由于按下电源键和启动屏幕是同一角度拍摄的，因此剪掉也没有关系。

"查找东西"是在户外（例如在公园里）进行拍摄的。为了增强画面的现场感，使用手持拍摄。通过在中间插入一个喝咖啡的镜头，可以强调"查找东西的感觉"。在电视剧中，经常将喝咖啡的画面插入搜索页面的画面之间。

打字

分镜头1

分镜头2

分镜头3

分镜头4

分镜头1：从下方拍摄人物面向电脑的近景。
分镜头2：拍摄敲击键盘的手部动作，同时将屏幕拍摄进去。
分镜头3：人物的视线注视着屏幕。
分镜头4：操作鼠标的手部动作。单击或转动滚轮。

062

插入电源并启动

分镜头1

分镜头2

分镜头3

分镜头4

分镜头5

分镜头1：从女性带着笔记本电脑进入房间开始拍摄，直到她坐在椅子上，打开液晶显示器。
分镜头2：打开笔记本电脑，近镜头拍摄。
分镜头3：手指入画，打开电脑并发出启动音。
分镜头4：启动时的屏幕画面。接下来是登录界面，但是这中间的等待时间太长，因此剪掉了中间部分。
分镜头5：越过电脑显示屏，拍摄女性等待系统启动时的模样。

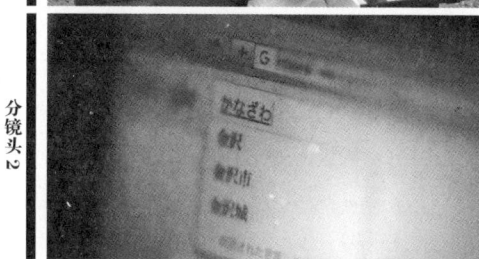

查找东西

分镜头1

分镜头2

分镜头3

分镜头4

分镜头5

分镜头1：一个在公园里将笔记本电脑放在膝盖上进行搜索的女性。首先用远景镜头介绍画面信息。
分镜头2：在搜索软件中输入关键字的特写镜头。
分镜头3：拍摄搜索时喝咖啡的镜头。
分镜头4：拍摄查看并单击搜索结果的画面。
分镜头5：面带笑容的近景，好像找到了想要的东西。

第12章

063

31

需要告诉观众
人物正在拍摄什么风景

● "拍照"的镜头中,包括"按下快门、三脚架和长焦镜头的使用"。这些应该如何表现呢?

在"拍照"的镜头中,想让大家记住的是分镜头2的构图越过人物的肩膀,拍摄女性的背影和风景。通常越过人物肩膀拍摄风景会显得比较客观,仅拍摄人物视角中的纯风景则会显得比较主观。此外,"在视频中插入快门声,接着画面定格"也是一种常见的拍摄方法。

在"放置三脚架"的镜头中,如果完整拍摄展开三脚架的脚管等一系列动作,视频时间会太长,所以仅拍摄伸长脚管和用手固定板扣的动作即可。将三脚架放在地面上时,也不是简单放置,而是要稍微旋转脚管使其接地,这样印象会发生很大变化。

在"使用长焦镜头拍摄"的镜头中,拍摄认真取景时的眼部特写。把人物取景时的视线、面部表情特写用作插入镜头插入到视频中,显得人物更加认真帅气。

拍照

分镜头1

分镜头2

分镜头3

分镜头4

分镜头1:正在寻找拍摄物的女性。打开照相机电源准备拍照。
分镜头2:越过人物的肩膀,拍摄女性的背影和风景。这是一个经典的镜头。
分镜头3:女性按下快门。
分镜头4:配合按下快门的声音,将拍摄的风景定格。通过后期添加模糊效果和关键帧等方式,模仿拍照时聚焦的动作。

放置三脚架

分镜头1：松开板扣，伸长三脚架脚管。
分镜头2：固定板扣的手部特写。通过在中间插入不同构图的照片，可以缩短拍摄时长，连接下一个展开三脚架的动作。
分镜头3：展开三脚架。
分镜头4：放置三脚架（将尖端接地）。通过稍微旋转的动作营造出有节奏感的安装氛围。
分镜头5：将照相机放在云台上，查看取景器并进行调整。

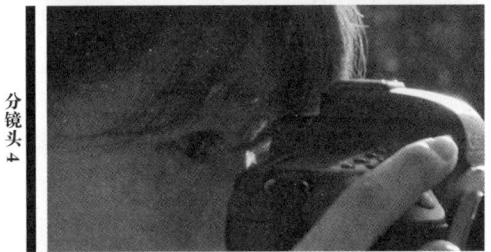

使用长焦镜头拍摄

分镜头1：女性调整三脚架，对准拍摄物。
分镜头2：池塘中鸭子的特写镜头（用长焦镜头拍摄的主观视角）。
分镜头3：正在认真观看取景器的女性。
分镜头4：眼睛特写。靠得更近。
分镜头5：远距离拍摄按下快门时的中近景。最后的镜头说明了现场情况。

第2章

32

当不能很好地看清动作时，挑选标志性的动作进行展示

操作摄影机拍摄视频

● 让我们来看看如何拍摄"操作摄影机"的镜头吧。关于详细信息，请仔细阅读每个范例下方的说明，但在此，我想补充说明"准备拍摄②"范例中菜单屏幕的拍摄方法。在VP（宣传片）中介绍产品时，也经常需要用这种方法拍摄产品的菜单屏幕。

让菜单屏幕占满整个视频画面（全屏尺寸），正面固定好摄影机，拍摄用手操作的画面。拍摄时有可能会失败（因为按钮不响应、跳转到错误的屏幕等），要做好长时间拍摄的心理准备，基本上保持在同一位置进行拍摄，并且不要移动摄影机。操作时，每操作一步，手指都要移出画面外（出画），方便后续剪辑。

另外拍摄时还要注意液晶面板上的反光情况。要注意避免灯光反射、摄影机镜头或摄影师映入画面等。拍摄者可以穿反光较少的黑色衣服或用黑布覆盖镜头之外的部分，减少外部的反光。

操作摄影机

分镜头1 
分镜头2 
分镜头3  
分镜头4

分镜头1：从人物握住摄影机并打开液晶显示屏的近景开始拍摄。
分镜头2：手持并摇摄跟拍。近距离微微仰视靠近拍摄对象，找一个最佳的拍摄角度。
分镜头3：拍摄以可以看到镜头内部的变焦组件为宜。拍摄变焦组件移动，表现镜头正在工作。
分镜头4：以第三方看到的视角结尾，该镜头为人物正在拍摄美丽的风景。

准备拍摄①

分镜头 1

分镜头 2

分镜头 3

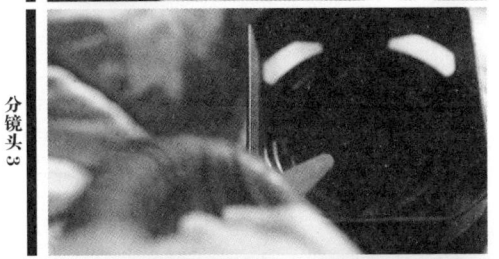

分镜头 4

准备拍摄②

分镜头 1

分镜头 2

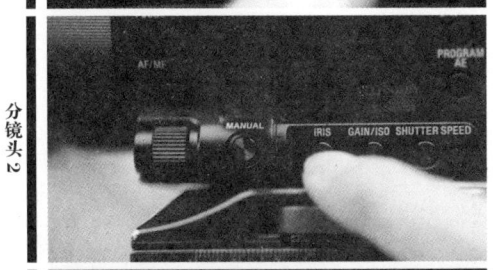

分镜头 3

分镜头 4

分镜头 5

第 2 章

分镜头1：安装电池。
分镜头2：打开液晶显示屏并启动，打开卡槽的盖子，插入安全数码卡（SD卡）。为了避免视频过长，将这一连串操作跳跃剪辑为一个镜头。
分镜头3：用布擦拭后，再使用吹气球清洁镜头表面。
分镜头4：开始拍摄。

分镜头1：按下触摸屏上的"MENU（菜单）"按钮，点击"图像质量/图像尺寸"，将"拍摄格式"从"AVCHD（高清数字摄录一体机格式）"更改为"XAVC S 4K"，单击"OK（好）"按钮以更改设置。
分镜头2：按下摄影机机身上的"IRIS"按钮。
分镜头3：可以选择并调整液晶屏中的F值设置值。
分镜头4：转动摄影机机身上的调节拨盘。
分镜头5：改变F值后屏幕亮度变亮。

33 在位置受限的办公室中拍摄时，请注意人物的轴线

● 在拍摄"办公室情景"的镜头时，让我们来看看在工作场所中经常看到的动作分镜。

使用固定电话"接听电话"时要注意人物的视线方向和电话的位置关系。如果从人物的左右两侧随意地进行拍摄，拍摄素材就会越过轴线（参考第7章 效果欠佳篇：导致混乱的分镜）。要尽可能从同一方向拍摄，并且当从相反的一侧拍摄时，要注意如何通过剪辑来进行合理连接。

在分镜头1中，最初对焦在敲击键盘的手部动作。当电话铃响起时，将焦点移到镜头前的电话听筒上，以此引导观众的视线。

在"复印"镜头中，由于复印机也经常被放置在墙壁附近，因此拍摄时请注意不要越过轴线。另外，由于在这种角度下拍摄的人物背景过多，因此在操作复印机时需进行特写拍摄。

在"外出开会"的镜头中，分镜头1和分镜头2的文档整理、放入包中、人物站起等一系列的动作拍摄时间过长，可以将这之间的动作进行跳跃剪辑（请参考第186页），能够使视频更有节奏感。拍摄着急外出的画面时，使用大量跳跃剪辑能让节奏更紧凑。

分镜头2与分镜头3的动作连接，将拍摄角度从正面切换为正后方的背影。请注意接下来的这个拍摄技巧，在分镜头3中，事先将焦点对焦在办公室的门上。拍摄对象朝门走去，此时焦点自然地对上了人物。

分镜头4中摄影机追着人物并走到外面，此时的明暗变化会导致画面过曝，在剪辑时将它换成曝光准确的外景画面即可。

接听电话

分镜头1：电话铃响时，将焦点集中在电话上。拿起听筒，手出画。
分镜头2：连接拿起听筒并将其放在耳边的动作。
分镜头3：就算剪掉分镜头2直接连接分镜头3，动作也十分自然。
分镜头4：从侧面拍摄放置听筒的动作。

办公室情景①

068

复印

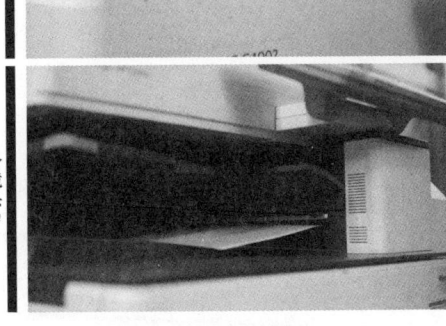

分镜头1：拍摄画面从空背景移动到复印机。打开盖子，将文件放到扫描台上。
分镜头2：切换画面，拍摄将文件放在扫描台上的特写镜头。关上盖子。
分镜头3：在操作面板上设置页数，然后按开始按钮。
分镜头4：扫描时的灯光。拍摄大家都熟悉的标志性机器动作。
分镜头5：纸张排出到纸盘上。

外出开会

分镜头1：整理文件的女性。
分镜头2：中间的动作使用跳跃剪辑，将文件等放入包中并站起来。摄影机跟随。
分镜头3：站立起身时切换镜头，连接背影镜头。人物走出房间。
分镜头4：跟拍从出口到外面的背影。
分镜头5：室外，走下楼梯。

第2章

069

34

在行动受限的电梯中，
从里拍或是从外拍，
得到的效果差异很大

乘电梯

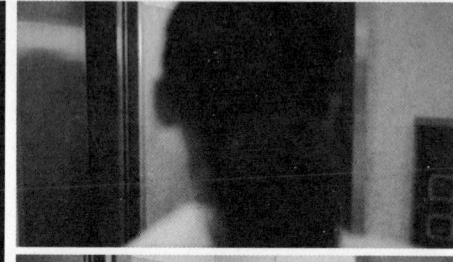

● 这次的主题是办公室情景中的"电梯"。我们可以轻易想象到"在电梯厅等候""按下楼层编号按钮"和"等待电梯到达"之类的动作。

拍摄电梯场景时，可以从电梯厅一侧拍摄或从电梯内拍摄。当我尝试在电梯中拍摄时，因为空间太狭窄，怎么也拉不开和人物之间的距离。这种情况下，可以用广角镜头来拍，但是要注意避免画面变形。有时我会故意拍摄变形的画面，将其作为片中监视摄像头的画面来使用。此时用固定机位拍摄即可。

这里想要介绍一个电影中经常用到的经典画面，从人物的正面拍摄两侧的电梯门逐渐关闭（"到达目标楼层"镜头中的分镜头3）。此时的人物表情会令观众印象深刻，如果此时能引导演员表演出当时的情绪，那这个镜头将会很有深意。请牢牢记住这个拍摄方法。

本例中重点介绍动作的分镜，但在电梯厅和电梯内也是容易产生戏剧冲突的地方。例如，当在电梯大厅等候时，一个讨厌的上司过来了，大家还要一起乘坐电梯等。在到达目标楼层前的这一段沉默的"时间"，就是表现故事情节和人物情绪的最佳时机。

在编写脚本时，让电梯间作为描述人物感受的场景，将其编入脚本中，你觉得怎么样呢？

办公室情景②

分镜头1：拍摄电梯大厅，女性入画。
分镜头2：按下按钮的手部画面。
分镜头3：楼层灯逐个亮起，电梯下降。
分镜头4：门打开，拍摄乘电梯的背影，门关闭。在这里，提前将焦点放在电梯中，这样当人物进去时，可以聚焦在人物身上。

到达目标楼层

分镜头 1

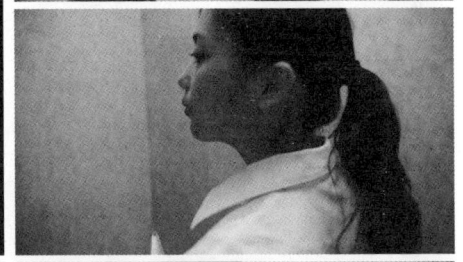

分镜头 2

分镜头 3

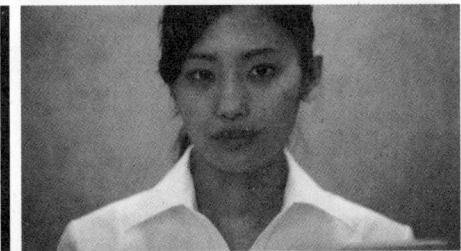

分镜头 4

分镜头 5

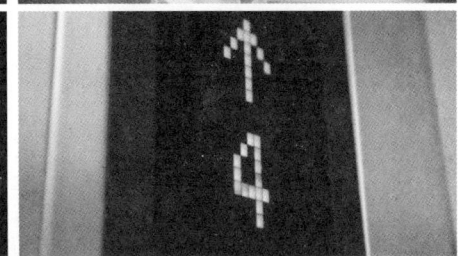

分镜头 6

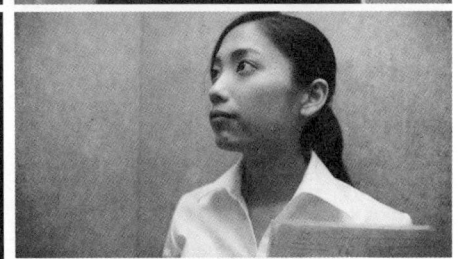

分镜头4：关门后的电梯内部。女性在等待电梯到达。
分镜头5：插入楼层面板的镜头。
分镜头6：分镜头4的延续。到达目的地楼层后，女性出画。

分镜头1：在"乘电梯"的镜头中，是使用固定机位拍摄的，但是这里摄影机跟随拍摄与女性一起上电梯。这样给人的感觉比前者更真实。
分镜头2：按楼层按钮的镜头，不拍手部动作而是拍摄女性的整体动作。
分镜头3：经典镜头，从女性的正面拍摄，两侧的电梯门逐渐关闭。

第 2 章

071

35

如何表现加班只剩下一个人时回家的恐惧和焦虑？

具有恐怖气氛的电梯

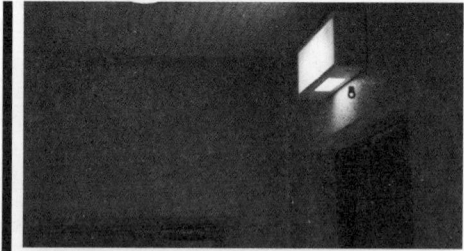

● 继续上一页的内容，拍摄"办公室情景"中的"电梯"部分，作为番外篇，让我们来看看如何拍摄具有恐怖气氛的分镜头。

一位女性因加班而较晚离开公司，来到电梯大厅……除应急灯外，其他的灯都熄灭了，电梯厅令人毛骨悚然。电梯大厅并非没有照明，但是在黑暗中几乎看不清脸部轮廓。用射灯或电梯里的灯光照亮女性的表情。

重点在分镜头2"似乎有人正在暗中窥视的第三者视角镜头"。让墙壁遮挡在镜头前，从女性看不见的地方用手持拍摄，缓慢移动摄影机，表现出一种似乎有人在窥视的感觉。

女性没有察觉到他人的视线，电梯到达后进入电梯。女性按下目的地楼层的按钮和"关闭"按钮，不知为何电梯门却无法关闭。多次按下"关闭"按钮后，女性开始着急。

把按下"关闭"按钮的手部动作（分镜头4、分镜头7）和女性的面部表情（分镜头5、分镜头6、分镜头8）用较短的镜头交替切换，表现出女性的"着急"。最后，不停按"关闭"按钮，电梯门终于关上了。

分镜头9是人物露出安心表情的特写镜头。眼睛靠近画面边缘，人物后方留有很大空间。它表示在女性的后面没有人，但是在下一个镜头中，却有只手从女性的背后伸出……总共使用了10个分镜头画面，完成了在电梯中的一种恐怖情景的拍摄。

分镜头1：女性走进电梯厅，应急灯光从头顶照射下来。
分镜头2：手持拍摄，看起来像是有人从墙后看着这位女性，女性却没发现他的存在。

办公室情景③

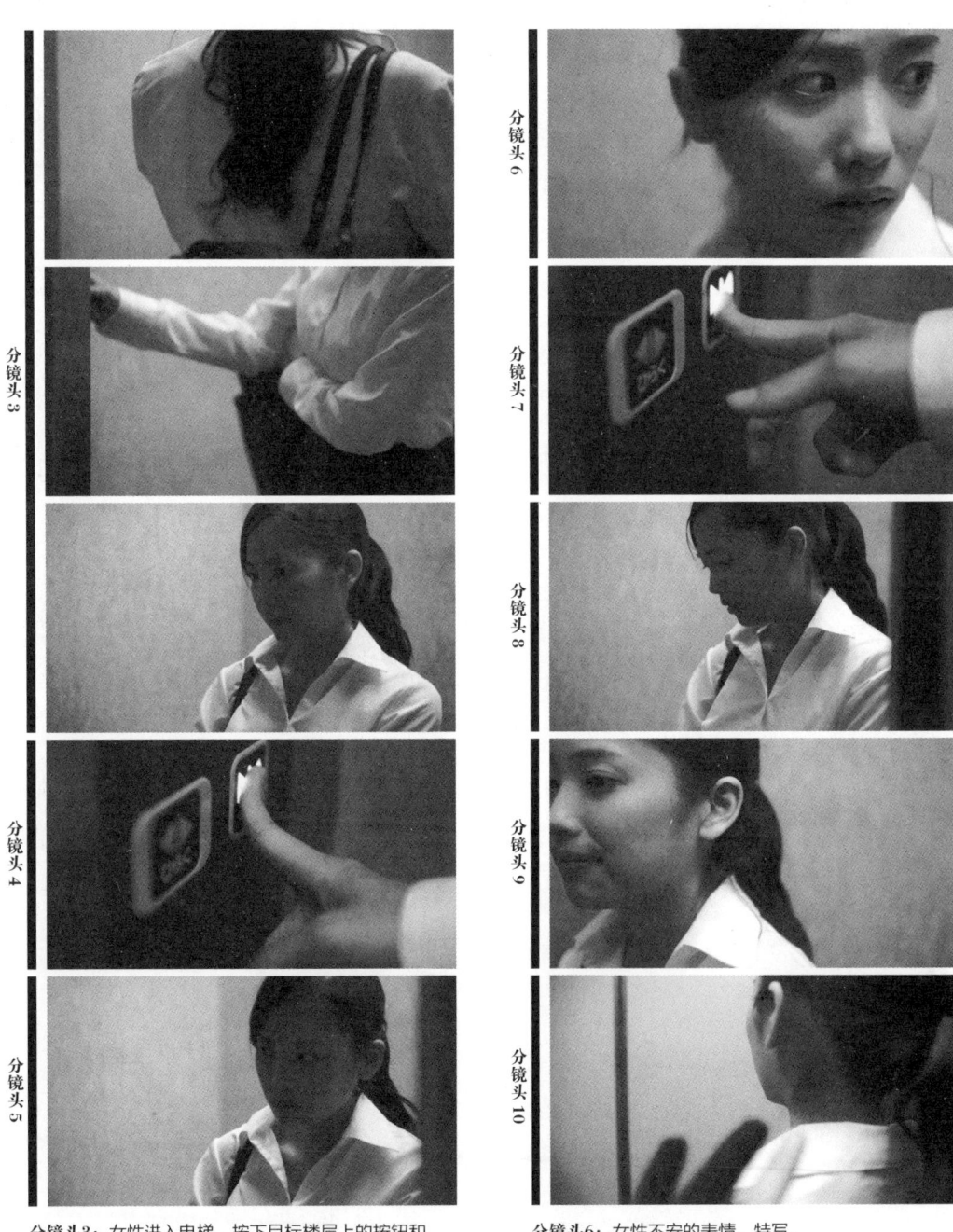

分镜头3：女性进入电梯，按下目标楼层上的按钮和"关闭"按钮，但门没有关闭。

分镜头4：按下"关闭"按钮。

分镜头5：女性不安的表情，远景。

分镜头6：女性不安的表情，特写。

分镜头7：多次按下"关闭"按钮。

分镜头8：多次按下"关闭"按钮的特写画面。电梯门开始关闭。

分镜头9：门关闭时女性露出安心表情的特写镜头。构图时眼睛靠近画面边缘，后方留白，暗示没有人在身后。

分镜头10：过了一小段时间后，有人从背后偷偷摸摸地伸出手来……

第 2 章

073

36

如何使用伞进行拍摄？
如何使用分镜拍摄雨滴？

● 雨景容易给人带来情绪。电影中经常在"晴朗""下雨""微风""阴天""下雪"等各种天气的衬托下，表现各种季节和场景中的故事。

当然我们无法控制天气，如果在拍摄多雨场景的当天天气晴朗，则必须使用洒水车制造雨景。另外，为了控制雨势的强弱，可以通过调节洒水车或吹风机来控制雨量和风的强度。如果没有多余的预算，那就只能等到雨天再拍摄吧。

其实在下雨天拍摄是很困难的，必须用雨衣等遮盖摄影机，还要在镜头上方撑伞，并且拍摄中还需时常检查镜头上是否有雨滴。此外，取景器和液晶显示屏会由于潮湿而起雾，导致无法对焦等。虽然拍摄很困难，但由于下雨场景能给故事增加一些必不可少的情感渲染，因此需要想办法克服困难。

拍这个示例是最辛苦的。在"雨景"分镜中，屋檐或地上的积水、落在树叶上的雨滴等，都是比较经典的镜头。我把"撑伞"场景分为了几个分镜头进行拍摄。虽然这个动作本身仅需一个镜头即可表达，但通过镜头的表现手法，使观众无法直接看到女性的表情，增强了戏剧效果。

在"躲雨"分镜中，突然下起大雨，一位女性没有带伞，急忙跑到商店的屋檐下躲雨。此视频主要由以下几个分镜头构成，首先通过"跟拍跑步"的远景来说明情况。接下来，拉近拍摄人物的表情之后，插入人物主观视角下的画面"屋檐下的雨滴"，最后拍摄脚下的镜头。

雨景

分镜头1
分镜头2
分镜头3
分镜头4

分镜头1：雨点滴在屋檐上。
分镜头2：砖墙上的花坛。雨水滴在叶子上。
分镜头3：用曲线构图拍摄雨中的摩托车和汽车。
分镜头4：水坑的涟漪，将过往汽车的影子反射在路面上，随后是一个孩子的脚经过画面。

撑伞

分镜头1 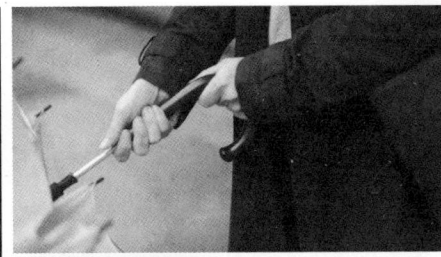 
分镜头2 
分镜头3 
分镜头4

分镜头1：拍摄撑伞的手。仅此一个镜头就可以表现动作本身。但是，在这里故意拍摄只露出嘴巴的镜头。
分镜头2：接下来是拍摄背影画面，令人更加好奇女性的表情。
分镜头3：从正面拉出镜头拍摄。还是不露出女性的表情。
分镜头4：雨伞慢慢升起，露出女性眺望远方的神情。通过将镜头更换为200 mm来区分画面。

躲雨

分镜头1 
分镜头2 
分镜头3 
分镜头4 
分镜头5

分镜头1：跟随拍摄没有雨伞奔跑的女性。
分镜头2：躲雨的远景。
分镜头3：拍摄面部表情特写。
分镜头4：插入视线方向的屋檐。
分镜头5：脚的镜头，能看到潮湿的道路和鞋子。

第2章

075

37

把一个镜头就能表现的场景分为多个分镜头，突出人物表情

●在日本江之岛拍摄外景素材"戴帽子"的分镜头。由于动作比较简单，所以仅用一个镜头即可完成。但通过分镜剪辑，制造良好的视频节奏，能更好地展现出人物表情。

首先是分镜头1，女性的正面中景。把握好这种适中的距离感。通过戴上帽子这个瞬间的动作，切换到分镜头2的脸部特写。比起远镜头的一个画面，特写镜头可以看清人物的表情，画面效果更好。分镜头3再次拉远拍摄整体，最后分镜头4再一次近镜头拍摄，表现出人物戴上帽子之后的表情。

"戴帽子"的动作太短，不方便停在中途拍摄。如果拍摄现场只有一台摄影机，需要让女演员将戴帽子的动作重复表演两次，分别拍摄远景（片段1）以及近景（片段2）。

一个摄影机拍摄两组视频，即使将两组不同的视频剪接到同一时间轴上，如果背景没有物体移动，观众也很难判断出视频不属于同一组。使用这种剪辑方法，可以让人印象更加深刻。

戴帽子

戴帽子（完成版）

分镜头1 ｜ 片段1

分镜头2 ｜ 片段2

分镜头3 ｜ 片段一

分镜头4

●分镜头1和分镜头3使用了同一个拍摄片段。该动作本身是一个短动作，片段1拍摄了戴帽子动作的远景，片段2也拍摄了相同动作的特写。分镜头4似乎是一个不同的片段，但其实是片段1镜头放大的拍摄效果。

戴帽子（素材）

剪辑前的片段1和片段2
请观看视频

38

光着脚（完成版）

● 观看画面，分镜头1和分镜头3是相同的片段1，是一位女性的全景画面。分镜头2和分镜头5是从低角度拍摄的女性面部表情，也是相同的片段。分镜头4俯拍人物的下半部分。分镜头6是最后人物站起来的镜头。

分镜头1 片段1

分镜头2 片段2（插入）

分镜头3 片段1

分镜头4 片段1

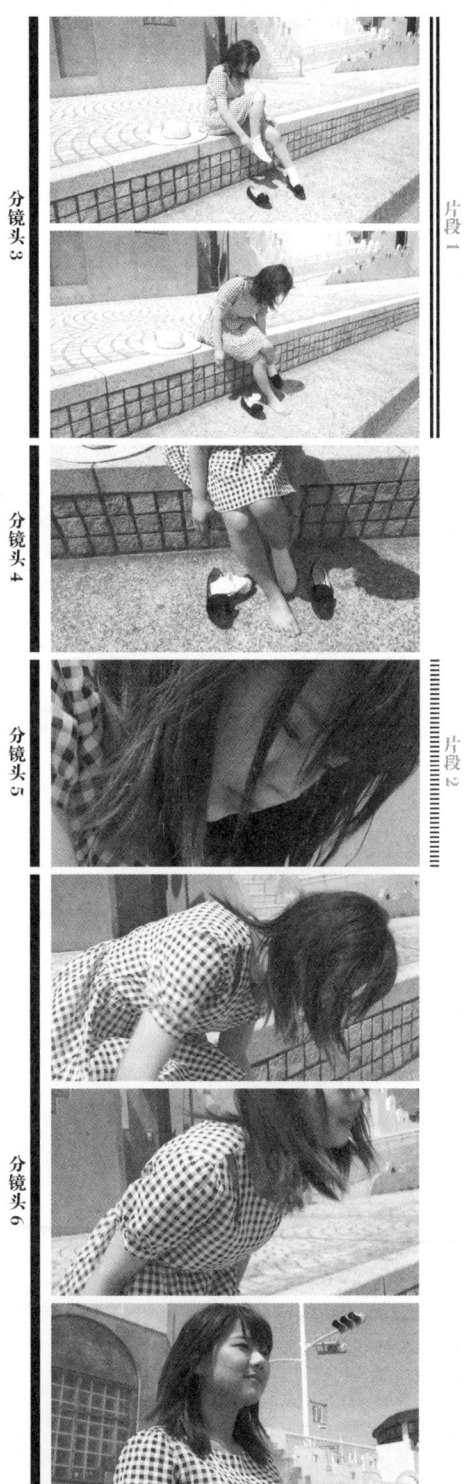

分镜头5 片段2

分镜头6

● 使用6个分镜头来表现"光着脚"的动作。由于拍摄所需的时间比"戴帽子"要长，镜头数量也随之增加。分镜头1直到触摸右脚脚踝为止的动作是远景FF（全景）。

分镜头2是从低角度拍摄的女性表情特写镜头。分镜头3与分镜头1构图相同（同一拍摄片段），从脱下右脚的鞋子开始，继续拍摄脱掉袜子，直到将手放在左脚脚踝处结束。分镜头4稍微俯瞰拍摄下半身，女性脱下了鞋子和袜子。分镜头5是分镜头2的延续，从低角度拍摄女性的面部表情。分镜头6是一个近景，拍摄人物脱鞋后直到站起来的画面。

重点在于要将脱鞋动作的镜头和人物表情的镜头穿插剪辑在一起。通过插入人物表情的镜头，替代脱袜子的镜头，可以缩短实际的动作时长。

剪辑时也会缩短影片时间并使其更易于观看。从某种意义上说，表情的镜头主要用作插入镜头。如果能很好地使用这种插入镜头，就可以缩短影片时长并使其更易于理解和观看。

缓慢的动作也可以干净利落地展现

光着脚

第2章

077

39

调整海和天的镜头比例来强调清爽的感觉

● 让我们来看看如何拍摄"张开双手感觉很好"的分镜头。迎着海风面向大海张开双手，给人神清气爽的感觉。在分镜头1中，一位女性奔跑入画，海浪拍打过来时停下脚步。使用平移摇摄（跟拍被摄对象并平移）拍摄。

将人物双手张开的动作与分镜头2进行连接。连接时要注意分镜头1和分镜头2的双手张开角度，自然地进行连接。分镜头2使用了长焦镜头压缩海面上的背景，拍摄出奔涌而来的海浪和面对大海的女性背影。这个画面构图很关键，要尽可能地使大海占据屏幕，大海和天空的比例为7：3。

分镜头3为女性的正面画面，使用广角端拍摄女性清爽的表情和张开的双手。此外，拍摄时还可以围着人物旋转摄影机来进一步表现。

分镜头4再次回到背影并放低双手。分镜头4的构图与分镜头2形成了对比，用广角端保持低角度拍摄，加大天空的比例，减少大海的比例，以天空为主进行构图。

张开双手感觉很好（完成版）

分镜头1

分镜头2

分镜头3

分镜头4

● 前两个镜头都是女性的背影镜头。故意将女性清爽的表情放在第3个分镜头中，可以激发观众的好奇心。

张开双手感觉很好

078

40

坐下眺望大海
（完成版）

分镜头1

叠化

片段1

● 在专业拍摄当中，转移视线时，工作人员会站在演员的视线前方引导，以便从摄影机观看时视线处于正确的位置。能将视线转移到自然的方向是最好的，但即使略显不自然也可进行拍摄，应优先考虑人物的表情。

分镜头2（放大镜头）

虚化

分镜头3

片段1

分镜头4

虚化

分镜头5

● 用5个分镜头来表现"坐下眺望大海"。人物只是单纯地看着大海，几乎没有任何动作。关键是通过镜头缩放拍摄眺望海景的人物双眼，从而给人留下深刻的印象。

分镜头1是一个坐在海边、戴着帽子的女性背影。她正在眺望着大海。接着慢慢将脸转向左侧，转移了视线。使用叠化效果连接分镜头2，缓慢放大镜头，拍摄眺望大海的眼睛特写。

分镜头3是分镜头1同一片段的后半部分，以大海为背景，拍摄露出侧脸的背影画面。此镜头像油画一样表现了女性的神情。即使人物的脸部实际上并不朝着海的方向，但由于背景中可以看到海，因此也能表现出一种看海的氛围。像这样转移视线的拍摄手法也很常见。

分镜头4中的海岸线几乎与视线方向平行，所以实际上人物并没有在看海。但是由于背景中能够看到海浪，所以画面十分自然。屏幕里女性的表情和大海处于同一个画面当中。分镜头5将女性的视线与奔涌的海浪进行叠化连接。

坐下眺望大海

第2章

**使用镜头的缩放来表现
近乎静止的画面**

079

41

让演员自然地行走，并且进行抓拍

● 这次，我想介绍两个通过让演员自由行动来剪辑自然反应镜头的示例。这些动作没有脚本，很难复制，希望大家将其作为镜头分割的示例用作参考即可。

首先是"沿着海滩散步"的镜头。让女演员沿着海滩散步的同时戏水。通过让演员自由行走，很容易获得自然真实的反应，同时摄影师也具有很高的自由度，更加易于跟踪拍摄。

这种自由拍摄通常要花费很长时间。因此，与根据脚本拍摄相比，可以使用的镜头会自然地变多，在剪辑时容易眼花缭乱。特别是当演员反应特别自然时，我们经常会觉得这个镜头也不错，那个镜头删掉太可惜。自由拍摄的同时，也要学会取舍镜头。

在"沿着海滩散步"的镜头中，可以看到海浪、脚、面部表情和整体画面。示例也是以这4个镜头为中心进行制作的。如果在剪辑时觉得可用镜头的数量过多，视频过长，那么我建议你可以先将视频放一放，过一段时间后再进行剪辑，这样出来的效果会更好。

沿着海滩散步（完成版）

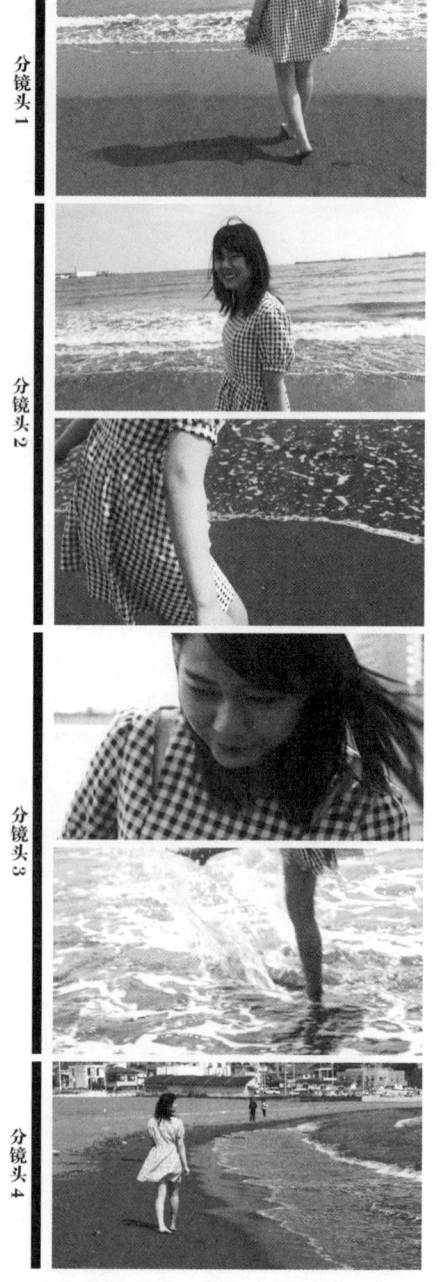

分镜头 1

分镜头 2

分镜头 3

分镜头 4

● 实际上拍摄了两组视频，两者的时长均为三分半钟，在拍摄时要留意到脚部特写镜头、面部表情的特写镜头，以及拍摄的远景。

沿着海滩散步

42

在裙带菜之间散步（完成版）

● 故意使用手持摄影机倾斜拍摄，产生虚无的飘浮感。分镜头2将裙带菜遮挡在镜头前切换场景。

分镜头 1

分镜头 2

分镜头 3

分镜头 3

分镜头 4

分镜头 5

分镜头 6

分镜头 7

在裙带菜之间散步

第 2 章

● 通常情况下人们不会在裙带菜之间走动，但我们将画面设定为一种旅游情景，海滩上晾晒着裙带菜，一位女性在裙带菜之间边游览边散步。请女演员在裙带菜之间自由地散步，拍摄真实的自然反应并进行分镜剪辑。

"沿着海滩散步"分镜和"在裙带菜之间散步"分镜都是使用手持设备拍摄的，这样就可以轻松捕捉人物的面部表情和反应。

拍摄人物的自然动作

081

43

●"在防波堤上散步"分镜中，我使用了一段长镜头片段进行剪辑（手持拍摄）。演员步行至能看到海鸥的位置，再爬上防波堤，然后返回初始位置。让我们来看看如何通过剪辑增加影片的趣味性。

顺便说一句，拍摄的要点是要注意利用防波堤的高度差。演员爬上防波堤，使构图发生变化，虽然是同一拍摄片段，但是可以从不同的角度来拍摄图像。

分镜头1为跟踪拍摄走在防波堤下的背影，然后在途中爬上防波堤。人物面对成群的海鸥开心地举起双手，然后喊出"哇"的声音。分镜头2和分镜头3为飞翔的海鸥，可以作为插入镜头放入影片中，表现出海鸥似乎被女性的声音惊飞的感觉。顺便说一句，海鸥飞翔的分镜头2是在拍摄外景的间隙拍摄的，并没有为了此示例专门拍摄。

拍摄分镜头4时，提前跑到演员的前面，将镜头拉出仰视拍摄，朝着脚尖向下摇摄。利用防波堤的高度差进行拍摄，将人物的脚部放在视线高度上，创造出稍微有点不寻常的画面。

分镜头5也是同一个拍摄片段，但是因为剪掉了拍摄时改变构图的中间片段，所以看起来似乎是以不同拍摄手法连接起来的。在拍摄时有意识地改变构图方式，则在剪辑时将更易于连接。

分镜头6再次拍摄脚，然后在停下脚步时拍摄人物全景。分镜头7跳跃剪辑到女性从防波堤上跳下来的画面。人物开始在防波堤下行走，然后缓慢地将镜头拉出，女性出画。

预想成片效果，有意识地进行拍摄，即使只有一次拍摄的机会，画面看起来也像是经过精心设计的。

●除了分镜头2和分镜头3，其他画面都是使用了同一拍摄片段。即使是一口气拍摄到底，如果在拍摄时有意识地改变画面构图，也能够拍出自然的分镜画面。

在防波堤上散步

在防波堤上散步（完成版）

分镜头1

分镜头2

分镜头3

分镜头4

分镜头5

分镜头6

分镜头7

走在胡同里（完成版）

● 听到"胡同"这个词，就会给人一种孤独感，如果能将脚本中这样的氛围反映到视频中，那就再好不过了。接下来我将用"手持拍摄长镜头""背影""剪影"和"跳跃剪辑"等方法拍摄该主题。

　　分镜头1使用手持设备跟随拍摄女性的背影画面。拍摄时需要重视现场氛围，让女性慢慢走在胡同里，背景中的夕阳映红了天空，女性的背影在夕阳下只剩下一个剪影。分镜头2和分镜头3通过相同的跳跃剪辑连接。

　　这两个分镜头都是将摄影机向下，快要拍到脚部时切换镜头，回到原来的背影画面中。虽然这原本是一种效果欠佳的剪辑方法，但是不用太过在意。相反，它具有某种纪实的氛围，用在这里非常合适。

　　分镜头4从女性的脚部开始向上拍摄女性好像在寻找东西似的远距离近景。分镜头5是发现黑猫后蹲下的女性。这是偶然拍摄到的珍贵画面，可用作类似插入镜头。分镜头6为夕阳下的天空与海面相接，小巷中露出女性孤独的背影。拍摄走下台阶的腿部动作。分镜头7也是通过跳跃剪辑的背影画面。

　　现在让我们来补充说明下这次的跳跃剪辑。让-吕克·戈达尔（Jean-Luc Godard）在电影《随心所欲》（1962年）当中，使用了电影史上的第一个跳跃剪辑。在拉斯·冯·提尔（Lars von Trier）的《黑暗中的舞者》（2000年）中，像纪录片电影一样将大量画面跳跃剪辑在一起，我在影院观看时受到了极大的震撼。

● 从分镜头1到分镜头3是同一个拍摄片段。为了缩短时间，中间剪掉了两段场景，但并无违和感。分镜头6和分镜头7也是同一个拍摄片段。

分镜头1
分镜头2
分镜头3
分镜头4
分镜头5
分镜头6
分镜头7

45 奔向灯塔

利用长焦镜头的压缩效果拍摄非常经典的跃过摄影机的镜头

● 自《黑暗中的舞者》上映以来已经有一段时间了，跳跃剪辑曾被电影和电视剪辑理论认为是不入流的剪辑手法，但观众似乎也已经习惯了这种表现方式。另外，跳跃剪辑作为一种特别的表达方式，可以增加作品的纪实性，不妨将其运用到你的拍摄作品中试试看。

"奔向灯塔"的分镜头有好几种拍摄方法。①拍摄开始奔跑时的画面；②奔跑时从侧面镜头推入拍摄；③从正面镜头拉出拍摄；④从后面镜头推入拍摄；⑤从侧面摇摄跟拍等。如果脚本上明确了跑步的目的地，例如"灯塔"，则可以将其放在背景画面中，使表达更清晰。

这次我使用了①至③的模式进行拍摄和剪辑。分镜头1是以低角度拍摄，将目标的灯塔作为背景，人物从摄影机顶部跃过并从画面上方奔跑入画。

大家可能在某些地方也看到过这样的场景，这是动作电影中经常使用的手法。拍摄方法很简单，可以将摄影机放置在迷你三脚架上（一种矮三脚架，可让摄影机贴近地面），或直接将其放置在地面上，以低角度构图，然后让演员从顶部跃过去。只要保证摄影机不被踢到即可。

分镜头2是从侧面镜头推入拍摄腿部动作。分镜头3是从正面镜头拉出拍摄。在这两种情况下，摄影师都需要与演员一起奔跑，要小心不要撞到周围的人或者摔倒。使用广角镜头能在某种程度上减轻画面抖动，并且拍摄中要和演员保持一定的距离，才能保证对焦准确。由于摄影师本人也在奔跑，因此在拍摄过程中很难进行掌控。拍摄后有必要预览并检查拍摄画面。

最后的分镜头4通过长焦镜头对准灯塔拍摄。在示例中，这一幕是从人物入画后进行拍摄的，但通过剪辑，将分镜头4与从正面拍摄的画面连接到一起，成为跑向灯塔途中的远景画面。由于分镜头1是用广角端拍摄的，因此灯塔显得距离很远，但在分镜头4中是用望远端拍摄的，望远端的压缩效果使灯塔看起来很近。需要注意在第一个和最后一个镜头中与目的地的距离感，随时注意画面的变化能够让剪辑更加易于理解。

除了手持拍摄，还有其他拍摄"跑步"的方法，例如①使用移动摄影车拍摄，②使用自行车拍摄，③使用摄影机稳定器拍摄等，这些方法都可以减少画面的抖动。

在需要同时录音的情况下，会用枪式麦克风收录表演者的跑步声，因此要尽量减少并行跑步的人员数量。为了避免录进工作人员的脚步声，其他跑步人员最好赤脚跑步。在使用移动摄影车跟拍时，也要尽量避免摄影车发动机发出噪音。

剪辑素材请观看视频
奔向灯塔（素材）

▲ 使用手持摄影机并行奔跑拍摄。

奔向灯塔（完成版）

分镜头1：如果将摄影机直接放在地面上拍摄，镜头会与地面平行，导致画面中地面的比例增加。最好在镜头下面垫点东西，使镜头稍微倾斜向上拍摄。可以使用填充了减震材料的枕头状的摄影马鞍袋固定摄影机。如果没有，也可以用钱包或记事本代替。

分镜头2/分镜头3：使用手持设备拍摄并行奔跑时，可以通过广角镜头尽可能地减少画面抖动。但根据情景需要，有时也可以通过粗糙的画面抖动来表现奔跑时的速度感。

分镜头4：通过使用长焦镜头压缩拍摄，让灯塔显得非常大，可以清楚地显示出人物的前进方向。

085

46

朝着夕阳大喊「笨蛋」

由于在防波堤上拍不到正面，因此要避免所有画面都从侧面拍摄

●经常会在青春偶像剧中看到"朝着夕阳大喊笨蛋"的场景，现在让我们来看看这种分镜头应该如何拍摄。

对着"日落""大海"等自然景物大喊"笨蛋"，让海浪的声音吞没愤怒的喊叫，能够消除烦恼，减轻累积的愤怒和生活压力。现实中之所以很少真正看到这种场景，可能是因为每个人都选择悄悄地宣泄。让我们来看看如何表现这种用尽全力大喊"笨蛋"后，长舒一口气的场景吧。

这次我们要探讨的主题是画面之间的"停顿时间"。这也是视频剪辑中最困难的主题之一，每个人对演技上的"停顿时间"和剪辑时的"停顿时间"都有不同的理解，所以永远没有正确答案。虽然如此，但合适的"停顿时间"能让人感觉观影舒适，所以我认为我们只能不停摸索，才能无限接近正确答案。寻找答案的过程中最重要的是，不仅要跟随自己的感受去摸索，而且还要听取第三方的客观意见并加以参考。

在撰写剧本时，一般使用"经过了……时间"以及台词里的"……"来表示"停顿时间"。此时，不仅需要演员理解并表演出这种停顿，而且还需要利用剪辑的连接方法和插入画面的持续时长来表现"停顿时间"。

阅读剧本时，要注意编剧字里行间的"停顿时间"。在拍摄时，并不是单纯地延长这一场景的拍摄时长即可，如果把握不好，可能会造成"停顿时间"过长从而导致"节奏拖沓"，相反，如果停顿时间太短，则可能导致情感表达得不够充分。必须从作品的整体平衡来考虑，所以"停顿时间"的把握是非常困难的。

分镜头1拍摄空无一人的防波堤，接着演员入画。女孩一步步走到防波堤的前端，凝视着大海的尽头。凝视时的"停顿时间"也很重要（演技上的"停顿时间"）。分镜头2是女孩的视线方向，也就是夕阳照射大海的画面。该场景的持续时长也是一个"停顿时间"（剪辑时的"停顿时间"）。

分镜头3，从心底喊出"笨蛋"的特写镜头，并在喊完的瞬间连接分镜头4，近距离拍摄人物眼睛和嘴巴的特写。这个喊完后的表情的特写镜头，是使用了其他的拍摄片段插入的。

分镜头5为喊完后表情轻松的女孩。这里可以使用分镜头3的后半部分，也可以使用其他片段的表情特写镜头。

分镜头6，从防波堤下方拍摄具有高度差的仰视画面。使用手持式移动设备拍摄站在防波堤上的女孩，把夕阳下的美丽天空作为背景拍摄最后一幕。虽然这个镜头的持续时间较长，但符合之前的拍摄节奏，所以这个持续时长是比较合适的。

剪辑素材请观看视频

朝着夕阳大喊"笨蛋"（素材）

▲朝着夕阳大喊"笨蛋"的镜头一共拍摄了3次。

朝着夕阳大喊"笨蛋"
（完成版）

分镜头1：首先进行远景拍摄说明情况。
分镜头2：插入夕阳、大海和海浪的实景镜头，并保持一段"停顿时间"。靠自己的感觉来判断"停顿时间"是十分困难的。你可以试着过段时间再观看或让第三方客观地观看，不停摸索最合适的"停顿时间"。
分镜头3：最初的两个拍摄片段是从侧面较远的位置拍摄的，看不清人物的表情，所以片段3可以在防波堤上近一点的位置进行拍摄。
分镜头4：大喊后嘴和眼睛的特写。
分镜头5：着眼于面部表情的变化。
分镜头6：以天空为背景，暗示明天又将是美好的一天。

第2章

087

47

通过MV学习如何拍摄"练习舞蹈"的分镜头

● 让我们以MV（音乐视频）《还有一个愿望》为题材，介绍"练习舞蹈"的分镜。MV中不仅包括了艺人们唱歌或演奏的场景，而且要根据歌词的内容或故事，使用具象或抽象方式演绎出各种场景，可以说是最能体现出导演个人风格的作品类型。

拍摄音乐视频的正统方法是根据歌词拍摄故事场景，再使用多机位摄影机在演播室中拍摄表演的场景，最后将它们穿插在一起进行剪辑。

《还有一个愿望》的歌词表达的不是一个具体的故事，而是各种散落的抽象画面。因此，我以"牵起的双手"这句歌词为关键词，拍摄8名少女在阳光明媚的教室里牵着手睡觉的主画面，并放在视频开头。

练习舞蹈

练习舞蹈（完成版）

分镜头1　分镜头2　分镜头3

练习小组1

● 拍摄了少女在课间练习舞蹈的分镜头。并不是单纯地根据音乐的节拍进行连接，因此请阅读全文。

分镜头4　分镜头5　分镜头6

练习小组2

分镜头7

练习小组3

分镜头8　分镜头9

练习小组4

练习舞蹈（素材）

虽然具有多种变化风格，但是没有采用的镜头

分镜头1

分镜头2

分镜头3

分镜头4

分镜头5

●虽然已拍摄但未在成片中使用的画面。这些镜头都拍得不错，但它们不符合这个拍摄主题。

我们以她们在学业和演艺事业间摇摆的思想冲突为主题进行拍摄。少女们利用课间休息时间，在校园的一角、楼梯的平台、走道等处练习舞蹈。那么该如何对这些场景进行分镜呢？

在现场，少女们被分成两人一组，让她们在各自的场地中练习，并以不同的角度和构图拍摄排练舞蹈、讨论动作等场景。

第一组示例。分镜头1是以教学楼为背景，拍摄两个人练习舞蹈时的背影，使用20mm的广角镜头。分镜头2使用75—300mm的中远镜头跟拍舞蹈动作。分镜头3使用标准镜头从侧面仰视拍摄。

在第二组示例中，分镜头4和分镜头5为另外两名少女正在走廊中练习。这两个分镜头的设定是她们在练习如何统一舞蹈动作，所以一开始舞蹈动作并不一致。最后和分镜头6连接起来，两人的舞蹈动作终于整齐了。

接下来是示例的第三组和第四组。分镜头7将消防栓安全铃置于镜头前，使用手持摄影机拍摄滑动镜头。如果将某种物品放置在镜头前，则会给人一种以客观视角从暗处进行观察的感觉。分镜头8也使用同样的拍摄方法，将扶手和部分楼梯放在画面前，拍摄在镜子前面练习舞蹈的两人。

分镜头9是镜子中的两人。她们的动作总是跟不上音乐的节拍。这个场景表达了人物内心的矛盾冲突，因此这个无论如何练习都无法跟上节拍的场景十分重要。请记住这里越过肩膀拍摄镜子内部的摄影构图。

在音乐视频中，为了表现少女们练习时充满活力的样子，在剪辑时选用了许多与人物间保持了一定距离的画面（例如用长焦镜头长焦端拍摄的镜头等），给人一种有人在远处守望着你、保护着你的感觉。

接下来介绍一个未在剪辑中使用的舞蹈场景。

在素材片段1中，我们拍摄了两个人边讨论边排练的场景。片段2为脚的动作。对于普通剪辑，插入这样的镜头非常常见。片段3使用广角镜头。ND滤镜（中灰镜）的外围减光效果很严重，但我认为这种拍摄方法也别有趣味。这些镜头都拍得不错，只是离少女们的距离太近了。片段4是使用广角镜头拍摄的素材，没有用任何东西遮挡在镜头前方。这也不符合拍摄意图，因此未被采用。我们也拍摄了脚部动作（片段5），但出于相同的原因，并没有使用。这些素材是为了丰富拍摄风格，但在剪辑时要注意选择，不能偏离作品主旨。

48

如何在音乐视频中表现"烦恼"的心情

● 让我们从名为《还有一个愿望》的音乐视频（以下称为MV）中查看以"烦恼的少女"为主题的分镜。MV的主题是女孩在学业和演艺事业之间摇摆的"心理冲突"。"烦恼"这个词主要靠表演者来表现，但重点是要学习如何通过分镜来剪辑和表达。

从歌曲接近间奏的部分开始，重点表现出每个少女的"内心冲突"。类型1中"烦恼的少女""为胆小的自己哭泣"。分镜头1，少女三上亚希子的舞蹈不顺利。从侧面开始拍摄，节拍跳错并且表情有些失落（中景）。

分镜头2是该表情的特写镜头。拍摄人物的侧脸，她似乎没有进入状态，表情越来越失落。接下来，以同样的构图方式，插入少女川上爱美流畅的舞蹈镜头（分镜头3），通过对比，使三上亚希子的沮丧感更加清晰。

分镜头4和分镜头5是"流眼泪"的镜头。在镜子中，三上亚希子转身后，将焦点对准她。在接下来的分镜头5中，从正面拍摄三上亚希子脸颊上的泪水。在电影的制作中，理想画面是在三上亚希子转身之后让眼泪顺着脸颊流下来，但在MV中，没有足够的时间等待眼泪慢慢流下。因此，剪掉了中间等待眼泪流下的镜头，从正面拍摄顺着三上亚希子的脸颊流下来的眼泪，加快了剪辑的节奏。

为了弥补演员演技上的不足，实际上是让演员抬着头滴入眼药水，在开拍时再低下头，拍摄眼药水滴落的画面。摄影师可以先将景深调浅，接着再对焦到泪滴上，通过这样的拍摄方法捕捉泪水滴落的瞬间。

类型2是"对着镜子自问自答"的场景。少女川岛绘里香由于自己的舞蹈没有进步，质问着镜子中的自己。当拍摄与镜子有关的分镜头时，分镜头6的画面非常经典，越过人物背影拍摄镜子中的身影。

这个镜头是从练习舞蹈开始拍摄的，但由于我之前提到过MV中没有太多时长，因此在剪辑时要剪掉舞蹈部分，从走近镜子的地方开始连接。

烦恼的少女（完成版）

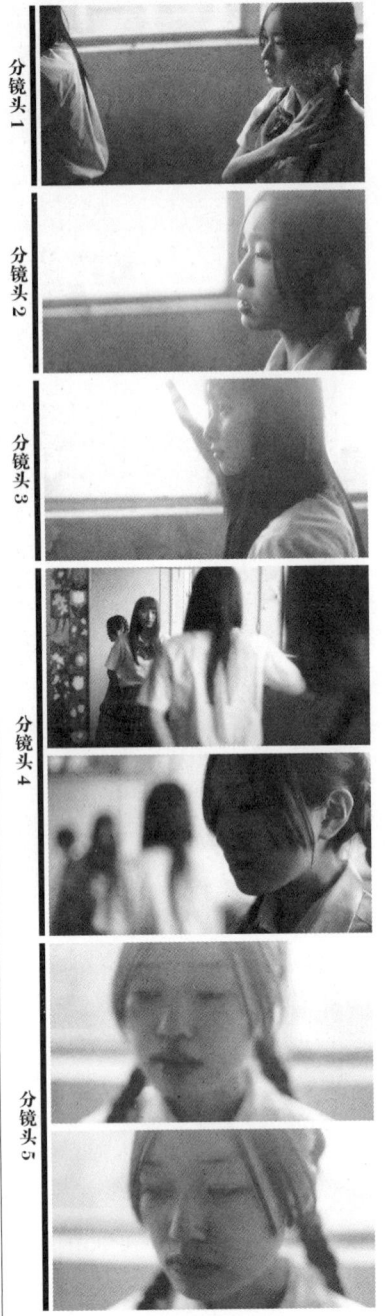

分镜头1

分镜头2

分镜头3

分镜头4

分镜头5

为胆小的自己哭泣

三上亚希子本身不是演员，所以她做不到在指定时间流下眼泪。可以事先滴入眼药水代替眼泪。此镜头也适用于单人场景。

烦恼的少女

手伸向镜子，试图抓住镜中身影的脸，但实际上这里也有一个小技巧。由于镜子的反射角度不同，因此从演员的角度来看，这个位置是摸不到身影的脸部的。为了让拍摄画面看起来能摸到身影的脸部，要指导演员正确摆放手的位置。

分镜头7是从镜子侧面拍摄的手部特写。分镜头8是将分镜头6的构图缩小后，拍摄触摸镜子中的脸的画面，表现出"烦恼"的感觉。

最后一个类型是少女安斋绘莉花"抱着膝盖很烦恼"。拍摄人物抱着膝盖、坐着发呆的近景（分镜头9），主要表现烦恼的表情。分镜头10是从侧面拍摄的镜头，人物躲在夕阳斜照的教室角落里垂头丧气。通过观看完整版的音乐视频，感受更多人物的情感吧（请参考第088页）。

分镜头6

分镜头7

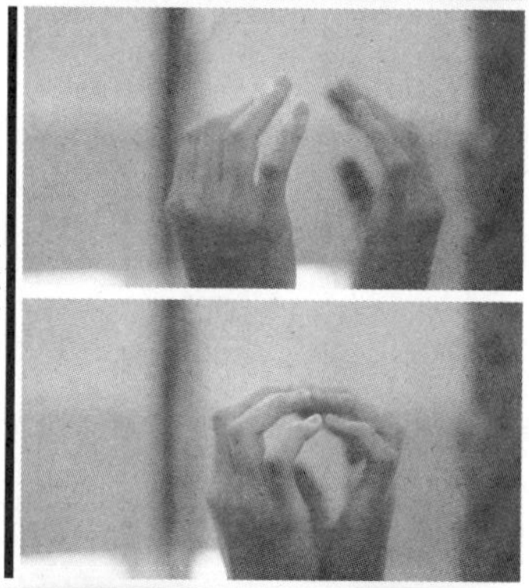

分镜头8

对着镜子自问自答
拍摄分镜头6的镜头后，先缩小构图拍摄分镜头8，然后再拍摄分镜头7的手部镜头，能提高拍摄效率。

分镜头9

分镜头10

抱着膝盖很烦恼
近景拍摄"烦恼"的表情。远景拍摄表现"孤独感"。在洒满夕阳余晖的教室中，降低人物曝光可以拍出很好的效果。

剪辑素材请观看视频
烦恼的少女（素材）

● 查看分镜头5中眼泪场景和分镜头8中摸脸场景的幕后花絮。

第 2 章

49

公园·秋千

● 这里想要挑战一下，用熟悉的画面来表现不想回家的感觉。第一个场景是在傍晚的公园。地点是秋千和攀爬架。

在暮色袭来的公园里，女性在秋千上摇荡，营造"不想回家……"的情景。演员需要表演出倦怠感，但要点是分镜头4的拍摄手法（请参考以下画面）。拍摄正面近景，演员缓慢摇晃秋千，使其前后摆动。拍摄人物时而靠近时而远离的画面。

在景深较浅的情况下，如果想拍摄令人印象深刻的场景，需要配合秋千前后的晃动及时调整对焦。但在这里，我故意将焦点设置在靠近镜头的地方。随着秋千向后晃动，人物失焦，接着秋千向前晃动，人物逐渐清晰。通过这种手法表现出了人物内心的纠结。

不想回家——公园篇

秋千 分镜头4

▲ 秋千的分镜头4将焦点固定在镜头前，根据晃动秋千的幅度画面逐渐失焦，用来表现人物的心情。

分镜头1 
分镜头2 
分镜头3 
分镜头4 
分镜头5

分镜头1：脚来回摆动。看不到人物的脸。
分镜头2：近距离的近景，从侧面拍摄人物表情。
分镜头3：整体远景。
分镜头4：正面近景。固定焦点拍摄人物随着秋千前后晃动（请参考左侧的画面）。
分镜头5：背影。旁边还有一个静止的秋千，故意没有把女性放在画面中间，营造一种"孤独"的感觉。

公园·攀爬架

攀爬架也是经典项目，但如果直接跟踪拍摄攀爬的动作，会显得有点滑稽，从而破坏了场景气氛。所以，从分镜头2开始攀爬的地方剪辑，直接跳到分镜头3爬到顶上后的坐姿，并使用"运动镜头转场"手法将两者连接起来。如果从攀爬架上看不见人物的地方开始拍摄，逐渐拍摄到人物，可以获得更自然的连接效果。

通过傍晚的公园场景分镜表现"不想回家"的心情

攀爬架　分镜头3

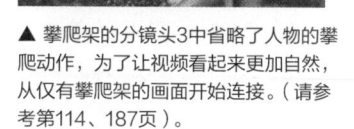

▲ 攀爬架的分镜头3中省略了人物的攀爬动作，为了让视频看起来更加自然，从仅有攀爬架的画面开始连接。（请参考第114、187页）。

分镜头1：攀爬架前的女性正面画面。人物回头，开始攀爬。
分镜头2：绕到另一侧，并从攀爬架内部开始攀爬。
分镜头3：女性爬到顶端坐下。使用仅有攀爬架的镜头开始跳转（请参考右侧的画面）。
分镜头4：从攀爬架下方拍摄整体的远景。
分镜头5：在攀爬架上方拍摄女性的表情。

50

● 让我们来继续思考如何拍摄"不想回家"的镜头。这次我将场景设定为"夜晚的街道"。如今摄影机的感光度越来越好，但如果为了拍摄明亮的画面而将感光度调得过高，在大屏幕上观看时就会产生太多的噪点，导致影片无法使用。夜晚拍摄时请注意这一点。

拍摄"夜晚的街道"分镜头的要点是要将路灯和灯牌等拍入画面中，使画面看起来灯火通明。例如，将故事场景（表演场所）设定为街灯下的道路时，要精心选择场景构图和取景角度，根据背景画面中的灯饰和灯光变化，给观众带来不同的感受。

第一个场景是在"十字路口"。分镜头1直接拍摄行人在人物面前经过十字路口的画面。虽然人来人往，但她却孤身一人……通过熙攘的人群反衬出人物的孤独感。在分镜头2中，以模糊处理后的巨大广告牌作为背景，人物入画。

**在夜晚的人群中徘徊，
表现"不想回家"的心情**

不想回家——夜晚的街道篇①

十字路口

分镜头1
分镜头2
分镜头3
分镜头4
分镜头5

分镜头1：一位女性独自坐在街道的角落里。许多行人从她面前走过。
分镜头2：以大型广告牌为背景，女性入画，漫无目的地走着。
分镜头3：平移拍摄女性近距离的近景。
分镜头4：从女性的前面拍摄，镜头拉出。
分镜头5：切换镜头跟拍女性的背影。拍摄人物的侧脸。

国道旁的人行道

分镜头1

分镜头2

分镜头3

分镜头4

分镜头5

画面中融入了明亮的广告牌和路灯散发出来的光芒。

接下来分镜头3在十字路口徘徊的场景要将景深调到最浅，聚焦于人物，模糊背景里的行人。当然，这也是为了防止拍到路人的脸。

接下来是"国道旁的人行道"。在车来车往的国道旁，我们选择了一个能够拍摄到汽车前灯的位置。在画面远处有一个信号灯，当信号灯变红时，车辆停止，此时开始待机。在信号灯变绿、车辆开始行驶时开拍。把握好时间给出表演信号，然后让人物朝摄影机走去。

镜头切换为背影的分镜头5则正好相反，要在背景中汽车的尾灯多时拍摄，因此要等待高架上的交通信号灯变成红色，在车辆停止时拍摄。另外一个要点是尽量不拍到行人，因此尽可能地等到无人通过时拍摄。

分镜头1：一位女性独自走在人行道上的远景画面。为了拍到许多车辆经过的场景，要等待后面的交通信号灯变绿时开始拍摄。
分镜头2：拉近镜头拍摄中近景。
分镜头3：行走的脚和影子。
分镜头4：分镜头2的延续。女性出画后连接分镜头5。
分镜头5：切换到背影镜头。在红灯时拍摄，以便拍摄到汽车尾灯的画面。

第12章

095

51

拍摄夜景时，街头的灯光不仅是背景还能作为照明使用

● 在这里，我们继续使用夜晚的街道场景来拍摄"不想回家"的分镜头。首先，在无法搭建照明设备的情况下，重点在于能否使用现场的照明。在寻找外景地点时，要先确定拍摄地点是否有路灯灯光、背景处是否有灯饰等，如果可以，要尽量等到太阳落山，再观察拍摄现场夜晚的气氛。

此外，即使无法使用大型照明设备，也可以使用便宜的LED灯（发光二极管）进行补光，即使灯很小也没关系，也能带来不错的补光效果。从高处设置此灯，能带来像路灯一样的自然照明效果。相反，如果从侧面照亮，就会很容易让观众觉得"这是在打光"，破坏了难得的夜晚气氛。

不想回家——夜晚的街道篇②

人行过街天桥

分镜头1

分镜头2

分镜头3

分镜头4

分镜头5

分镜头1：天桥上，一位女性走到铁丝网边。在远处设置灯光，帮助看清演员面部（1盏灯）。
分镜头2：越过女性的肩膀拍摄火车驶来的画面。同时说明了现场情况。
分镜头3：火车经过。改变构图切换为近景。
分镜头4：从女性的侧面拍摄特写。拍摄这个镜头时也使用了LED灯。
分镜头5：夜晚的城市模糊的灯光。

在街头徘徊

此次拍摄"人行过街天桥"分镜头1、分镜头4以及"在街头徘徊"的分镜头2时,实际上在路灯周围使用了LED灯,以补足灯光。

除了路灯的灯光,还可以利用橱窗前的灯光、自动售货机、隧道、自行车存放处的灯光。像这样的许多场所没有照明设备也可以拍摄,平时要多留意。

在"人行过街天桥"分镜中,铁路上的天桥会比国道上的更加令人印象深刻。夜晚的回程电车上载满了拥挤的人们,让有家可回的人们与形单影只的人物形成对比,使观众产生孤独的感觉。

"在街头徘徊"的场景不是通过人物动作来切换镜头,而是通过改变场所来进行切换,通过连接几个典型的画面来表现"不想回家"的感觉。这样的蒙太奇表现手法,适合插入符合故事情感的背景音乐。我们可以根据音乐的节奏调整剪辑的时间、人物的移动、旁白的时间等,提升影片观感。此外,还需要注意各场景的连接顺序。

分镜头1: 女性百无聊赖地按着自动售货机上的按钮一路走来。
分镜头2: 在存放自行车的隧道前,拍摄徘徊的女性。
分镜头3: 女性坐在橱窗前。背后是人来人往的人行道,营造出一种孤独感。
分镜头4: 在繁忙的道路和城市灯光的背景下人物左右徘徊。最后加入旁白。

52

接下来介绍日常生活中的分镜，从清晨的睡觉镜头开始演示

● 在接下来的几节当中，我将介绍日常生活场景的拍摄。首先是"睡觉"。演员只是单纯地躺在床上睡觉，正因为画面单调所以更难拍摄。你想象中的是什么样的画面呢（角度或构图）？

当想象睡觉的场景时，很多人想到的都是拍摄正面俯视图。我曾有过这样的经验，当我要求某学校学生画"睡觉"场景的故事板时，有许多学生都画了人物睡在床上的俯瞰图。其中，还有许多学生把它作为场景开始时的第一个镜头。

早晨的情景篇①

正面俯瞰画面拍摄现场

▲ 与床平行设置背景支架以拍摄正面俯瞰画面。

▲ 用夹子将索尼摄影机（型号为Cybershot DSC-RX0）固定在支架上。

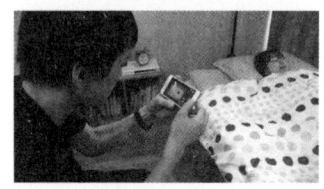

▲ 还可以使用手机软件预览和设置焦点。图中为作者蓝河先生正在操作。

房间篇·清晨·正在睡觉

分镜头1

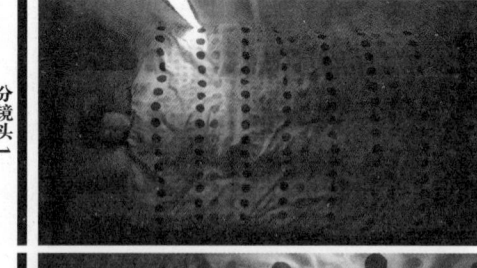

分镜头2

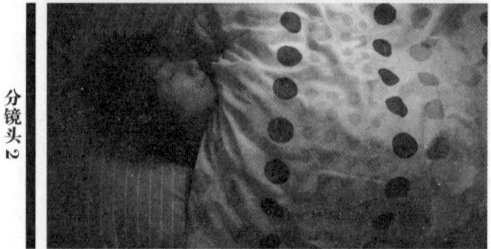

分镜头3

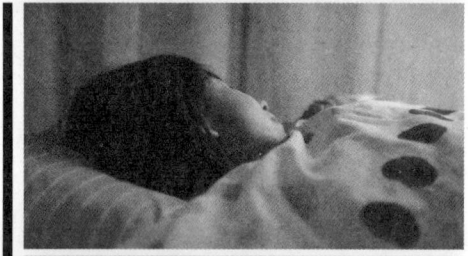

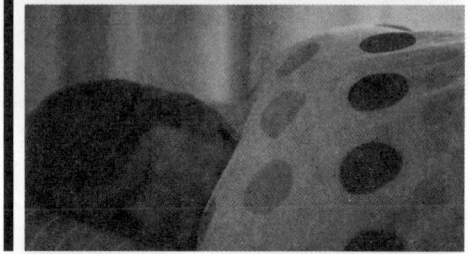

分镜头4

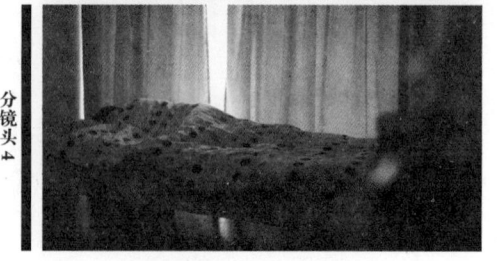

分镜头1：躺在床上睡觉的正面俯瞰全景。
分镜头2：靠近拍摄近景。正面俯瞰拍摄沉睡的表情。加入了脖子的动作。
分镜头3：从侧面的水平位置拍摄睡觉时的脸部特写。
分镜头4：房间远景画面。将房间里的花盆遮挡在摄影机前，营造客观感。

房间篇·清晨·第二次入睡

分镜头1

分镜头2

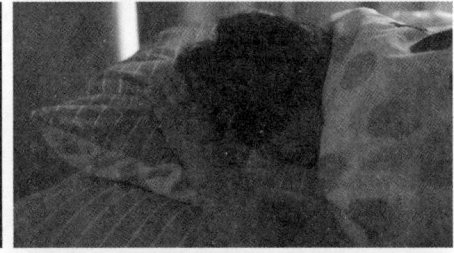

分镜头3

分镜头4

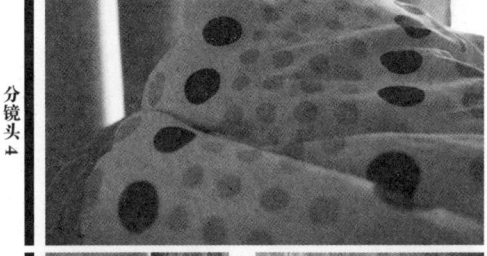

分镜头5

在戏剧和电影中也经常使用正面俯瞰角度拍摄睡觉场景。同样在此示例中，我将正面拍摄的俯瞰场景作为首个镜头。下一个镜头则是近景。这两个镜头是使用索尼的小型摄影机（DSC-RX0）拍摄的。该摄影机防滴漏、防水、重量轻，这种被称为可穿戴式摄影机的产品，不仅重量轻，还可以用吸盘、柔性臂等进行安装，安装场所相对比较自由。

以前如果想拍摄正面的俯瞰画面，要么在三脚架上连接名为"蟹钳"的滑轨支撑杆，要么直接使用安装了滑轨支撑杆的三脚架，在拍摄时镜头中无法避免会看到三脚架的腿，以至于很难拍摄正面的俯瞰画面。而且，摄影师还必须随时监控着摄影机，这使得整体装置很大。

现在换成轻型的摄影机后，可以使用摄影背景架和柔性臂把它固定在天花板上进行拍摄，也可以设置在照明设备的中心。此外，还可以使用无线功能远程控制，从智能手机上打开/关闭录制。

现在已经大大减少了设备数量和设置时间，无须顾虑太多，大胆地拍摄俯瞰画面吧。

分镜头1：闹钟响起。
分镜头2：被闹钟吵醒的女性，伸出手……
分镜头3：伸手入画并关闭闹钟。
分镜头4：分镜头2的延续，女性钻进被窝里。
分镜头5：调整拍摄的角度，将闹钟也拍摄进房间的远景画面里。

53

"神清气爽地醒来"与"猛地起身"分镜

● 让我们来看看"早晨的情景篇"系列分镜中"早上醒来"时的两个不同场景。"睡觉"和"醒来"是一连串的动作，此次的示例也是上一个示例的延续。

现在，拍摄这个主题的最大问题，就是它是否可以确保摄影机的位置。在典型的房间布局中，床通常贴着墙壁放置。拍摄整个房间的远景时，可以保持原样拍摄，但是当画面切回房间时，需要移动床，在床和墙壁之间留出空隙以放置摄影机。如果要使用三脚架拍摄，则需留出更大的空间。

以前，我在摄影的专业学校教学时，曾让学生绘制普通儿童房里一个醒来场景的分镜，一些学生毫不犹豫地就画了从墙壁一侧拍摄的分镜头。除非在墙上开个孔，不然不可能拍得出这种场景。在日常观看视频时，要多去思考摄影机的摆放位置。除非是在摄影棚布景中拍摄，否则摄影机的位置都会受到一定限制。

早晨的情景篇②

房间篇·起床·神清气爽地醒来

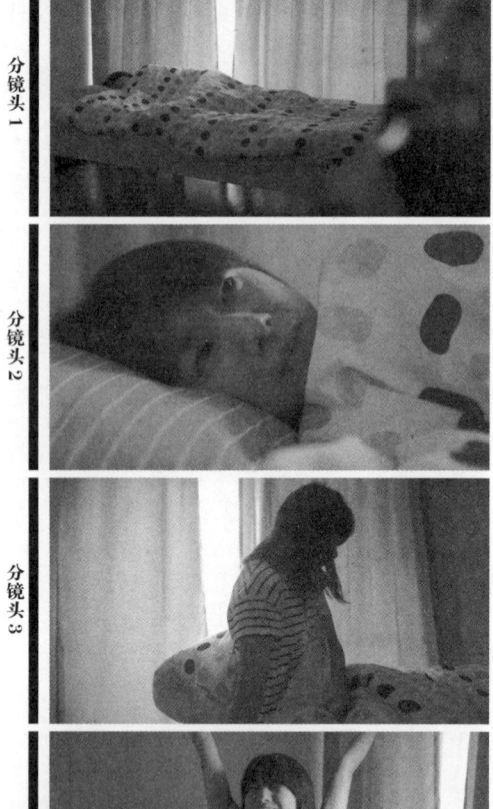

分镜头1
分镜头2
分镜头3
分镜头4 
分镜头5

分镜头1：女性在床上睡觉的远景画面。
分镜头2：睡眠表情的特写镜头。人物睁开眼睛，在准备起身时切换下一个画面。
分镜头3：连接起床动作。从床的侧面位置仰视拍摄。
分镜头4：起床的女性的正面。人物伸展胳膊。
分镜头5：阳光穿过窗帘的缝隙，女性神清气爽地眺望着窗外。

房间篇·起床·猛地起身

分镜头1

分镜头2

分镜头3

分镜头4

分镜头5

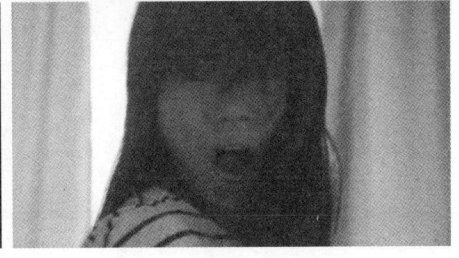

而且日常拍摄时，比起布景，更多时候都需要在实景场地中拍摄。

除摄影棚外的室内拍摄场所被称为"外景布置"，最好在寻找外景位置时，事先检查该外景布置中家具的摆放，结合场景考虑分镜。在此示例中，确保了床脚一侧摆放三脚架的空间，这样我们就可以从女性的正前方拍摄。

另外，在"神清气爽地醒来"分镜中，为了营造早晨的气氛，将窗帘稍微拉开使阳光照进来。在床的另一侧，使用反光板反射光线，并照射到熟睡的女性脸上，使女性的表情更加突出。由于起床时窗帘之间有缝隙，所以可以拍摄女性看着窗外的表情。

在"猛地起身"分镜中，通过女性猛地起身的夸张动作、女性转身查看闹钟的动作，以及闹钟场景的插入镜头，让视频显得诙谐有趣。

分镜头1：闹钟响起。女性在被窝中睡觉的远景。
分镜头2：伸手入画，关闭闹钟。
分镜头3：女性从焦点外迅速起身，起身后正好对焦。转身看看时间。
分镜头4：从女性的视角看闹钟。
分镜头5：女性盯着闹钟，急忙站起来。出画。

54 拉开窗帘让阳光照进来，麻利地换衣服

房间篇·拉开窗帘

● 继续来看表现早晨情景的系列。首先，在"拉开窗帘"这个分镜中，为了拍摄出上一篇中的"神清气爽地醒来"的画面，在窗帘上事先拉开一个小缝隙，以营造早晨的气氛，从那里射进来的阳光能突出人物的表情。请注意接下来的这个分镜头，在分镜头2拉开窗帘时映照出女性的背影。这个突然从黑暗中射进光线的镜头，除了可以在早晨场景中使用，还可用于剪辑时在黑暗中切入画面，或用于更换场景等，非常实用，也经常在电影和电视剧中出现。

在看着窗外的场景中，观众会想要看到女性视角中的画面，将窗外的天空作为主观镜头插入视频（分镜头4）。不巧今天天气不是很好，无法充分表现早晨的清爽感，但通过这个插入镜头，也能更容易地切换到房间里的转身镜头。

在"换衣服"分镜中，要避免直接拍摄，这里的重点在于不直接拍摄只穿着内衣的画面。

早晨的情景篇③

分镜头1：从窗帘的侧面拍摄，女性入画。
分镜头2：女性的背影，当窗帘被拉开时变成了一个剪影。
分镜头3：从窗外的阳台处拍摄，女性打开纱窗并向外看。
分镜头4：女性的主观镜头。
分镜头5：从室内对准窗户拍摄，女性转身出画。

房间篇·换衣服

分镜头 1

分镜头 2

分镜头 3

分镜头 4

通过女性拉开拉链、脱下睡衣扔在床上的分镜，让观众想象到她现在只穿着内衣。在下一个脱裤子的镜头中，摄影机对准脚部，拍摄裤子掉下来的画面。重要的是不仅要表现动作本身，而且要使观众产生想象。

由于画面十分真实，因此直接展示则会显得很原始或表现生涩。必须根据影片所适合的年龄段来改变表现方式，这也就是我们常说的评分系统（年龄限制）。它的主要目的是引起人们的注意，避免此类描写对限制年龄的观众产生不利影响。现如今的社会上，存在着各种各样的视频媒体，例如电视、电影和互联网等，有必要对传播面广泛的媒体（尤其是电视）进行严格的分级限制。

为了顺应时代的发展，要多学习拍摄和剪辑的技巧，例如这次"换衣服"的分镜，可以激起观众的想象，在大脑中完善画面。

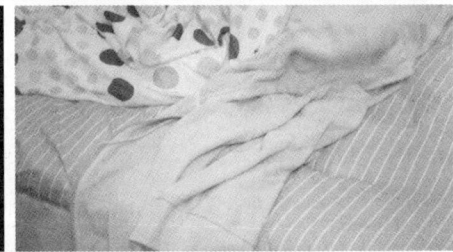

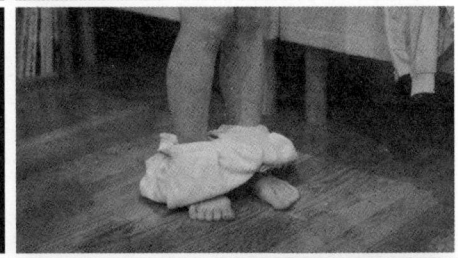

分镜头1：拉下胸部拉链动作的特写镜头。
分镜头2：往床上扔了一件睡衣。
分镜头3：拍摄脚部，脱下的睡裤掉了下来。
分镜头4：穿高领毛衣动作的特写镜头。重要的是将这些视频剪辑得紧凑且具有节奏感。

第 2 章

55

从冰箱里拿出酸奶，坐下开喝的分镜画面

● 这一节同样是描绘早晨情景的系列分镜。首先，让我们来看看"从冰箱里取出酸奶"和"喝酸奶"的场景。在拍摄"取出酸奶"分镜头时，使用了早晨的情景篇①"睡觉"中的索尼小型数码摄影机DSC-RX0。

首先，分镜头1通过使用特殊的夹子将摄影机固定在演员佩戴的头盔上（A），拍摄了女性走近冰箱的主观移动画面。通常，主观画面是使用主摄影机拍摄的，但为了避免冰箱反光，特意让演员来拍摄。你可能还会在电影或电视剧中看到像分镜头3这样从冰箱里拍摄的画面。小尺寸、防滴漏和高图像质量的摄影机更易于从冰箱内部进行拍摄（B）。

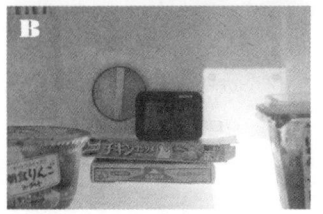

房间篇·从冰箱里取出酸奶

分镜头1

分镜头2

分镜头3

分镜头4

分镜头1：女性走近冰箱的主观移动画面。
分镜头2：从冰箱侧面拍摄。女性抓住冰箱的把手，然后打开门。
分镜头3：从冰箱内部拍摄。从开门动作的中途切换到这个镜头。关门并切出画面。
分镜头4：女性拿着勺子回到桌子旁，坐在椅子上。

早晨的情景篇④

房间篇·喝酸奶

关闭冰箱门时，冰箱内部的画面变黑，因此可以使用它直接切换场景。当然，也可以在场景开始时就使用这个画面，从一片漆黑中打开冰箱门。这种拍摄方法也可以应用于投币式储物柜、鞋柜和保险箱等。在动作方面，要指示演员不要立即看向酸奶或伸手拿。当你的拍摄经验越来越多，就会发现在打开门的瞬间就将视线对准目标酸奶会有些不自然。

黑屏后，在"从冰箱里取出酸奶"的分镜头4中，基本上可以连接到任何场景，在此示例中，女性拿了一个勺子并准备坐在椅子上，但你也可以将其连接到女性已经坐下后的场景。

在"喝酸奶"的分镜头2中，从正面拍摄了人物特写，故意没有拍酸奶，不拍的原因是为了避免由于无法打开酸奶盖而导致的失误。如果你想拍打开盖子的动作，必须多准备一些新的酸奶。即使没有拍摄打开盖子的动作，观众也会通过插入镜头来想象出打开酸奶的画面。

分镜头1：越过肩膀拍摄放在桌子上的酸奶的特写镜头。
分镜头2：女性的正面画面。女性打开酸奶并握住勺子（酸奶在画面外）。
分镜头3：随即用勺子挖起并送到嘴边。
分镜头4：喝酸奶的远景画面。

第 3 章

旅游节目中的分镜

接下来介绍的是一个人进行旅行节目制作时的拍摄要点。摄影的地点在日本东京的高尾山以及从京都站开往清水寺方向的铁路旁。全程只使用一台摄影机进行拍摄。虽然在电视上一般都是使用好几台摄影机同时拍摄，但这里重点介绍如何用一台摄影机进行拍摄。

乘火车旅行的女性

● 该旅行节目使用摄影机跟踪拍摄旅行者，并记录和剪辑有趣的时刻。在本章中，我将介绍旅行时拍摄的注意事项和拍摄要点。

在旅途中很容易把素材拍得又长又乱，即使回家后尝试对其进行剪辑，也有太多的素材无法一一预览，最后导致整理起来特别麻烦。重要的是要多加斟酌所拍的内容，区分必要和不必要的场景，在拍摄阶段就要做出取舍，并在拍摄时预想到剪辑后的效果，在脑海中将素材初步整理好。

此外，当摄影师还担任剪辑时，摄影师总会觉得"浪费了好不容易拍摄的素材"或"拍得还不错，让这个画面再持续一会儿吧"。为此，很容易无法控制作品总体的平衡。

但是，剪辑本身就是要对素材进行组织，使其易于观看。好不容易拍摄好的作品，如果舍不得下手剪辑的话，就会变得过于冗长。只有简洁精练的作品，才能让人回味无穷。冗长的素材堆积已经失去了剪辑的意义。

原本在视频制作中，摄影师和剪辑师分开工作的优点是，剪辑师可以从第三方的角度来考量摄影师舍不得删除的素材，从而掌握整体的平衡。既是摄影师又是剪辑师的话，很难客观地进行剪辑，所以我们要学会用剪辑师的思维来思考如何安排素材，如何传达信息。

这次，我做了两种类型的示例——"用摄影师的视角剪辑"和"用剪辑师的视角剪辑"。很难通过文字告诉你详细的时间安排，请在上述视频中查看。

分镜头1是一位女性坐在火车上的画面，故事从她手上背包的特写开始。作为一名摄影师，我同时使用了两个镜头，因为两个画面中的表情看起来都不错，它们分别是分镜头2的近距离近景和分镜头3的特写。但作为剪辑师，我不需要两个相似的镜头，所以只选择了特写的镜头。

其次是进入隧道后，在隧道内拍摄的分镜头5、分镜头6、分镜头7。在分镜头8出隧道的景色中，女性露出了微笑，在摄影师的角度，想让女性的表情持续更长的时间，所以一直使用这个画面直到女性开口。但从剪辑师的角度来看，想要尽快说明离开隧道后女性微笑的原因。这也和观众的思考方式一致，要尽快给观众展示他们想看的内容，所以没有等到女性张开嘴，就切掉了后面的画面。

整体时长也很短。通过掌握作品的节奏和速度来学习剪辑也不失为一个好办法。

乘火车旅行的女性（用剪辑师的视角剪辑）

▼我用图表的形式展示了取舍的过程。上面的是为了让摄影师感到满意而进行的剪辑，而下面的是站在观众的角度进行的剪辑。不仅缩短了镜头时长，还考虑到了镜头之间的连接。另外还有一点需要注意，光线在隧道中从左向右流动，在剪辑时要将光线流动的时间保持在固定频率。

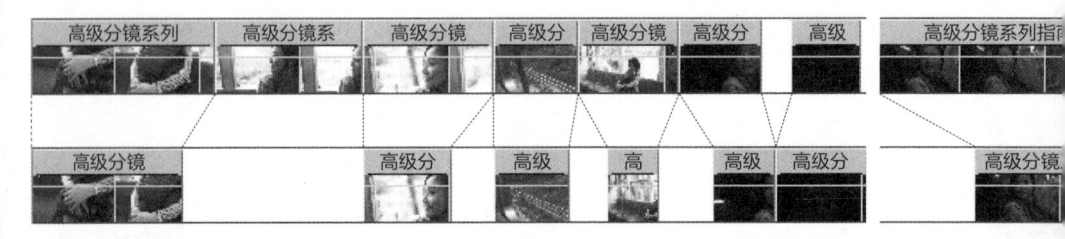

乘火车旅行的女性（用摄影师的视角剪辑）

分镜头1
分镜头2
分镜头3
分镜头4
分镜头5
分镜头6
分镜头7
分镜头8
分镜头9
分镜头10
分镜头11

虽然使用了完全相同的素材，但是因为剪辑角度不同，剪辑出来的作品也完全不同。

此次的示例使用了完全相同的素材，仅由于剪辑方式的不同而出现了很大差别。用短线条围起来的画面是从"剪辑师角度"应切掉的画面。没有谁对谁错，但我们要明白站在剪辑师角度进行剪辑是非常必要的。

▰▰▰▰▰▰ 剪切掉的镜头和画面

如果摄影师本人进行剪辑，不知不觉视频就会变得过于冗长

← 从摄影师角度进行的剪辑

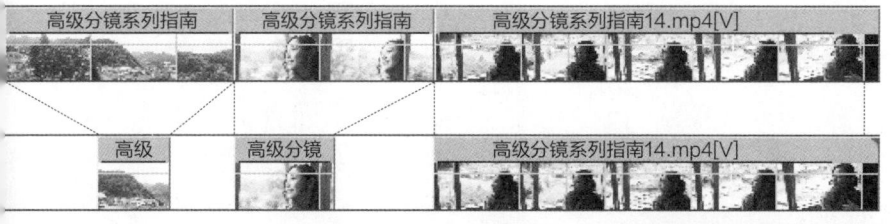

← 从剪辑师角度进行的剪辑

第3章

109

57

仅使用一台摄影机的拍摄窍门和改变画面连接顺序的剪辑技巧

● "到达车站的女性"这个分镜介绍了如何拍摄和剪辑到达目的地车站的女性的场景。让我们预想剪辑后的效果，来看看该如何拍摄到达车站时的情景吧。请先观看视频示例 "拍摄时的素材排列" 和 "剪辑后" 的画面。

当然，在旅行节目中，摄影师应与旅行者一起乘车到达目的地。到达目的地后，再一起下车，因此在拍摄时，需要跟踪拍摄旅行者下车（分镜头1）。拍摄素材时，不要在下车中途停止拍摄，要随旅行者一直走到站台里面。

通常这样就可以结束了，然后插入目的地站台的地名即可（分镜头3）。但是如果想丰富拍摄效果，可以请旅行者再回到车内（该车站是终点，可以直接回去。如果是中途车站，请等下一班车），然后摄影师从正面拍摄旅行者下车的分镜头（分镜头2）。在剪辑时，将分镜头2画面插入到分镜头1下车的时刻，然后再返回分镜头1。

如果还想制作更精美的视频并且时间充裕的话，可以等待下一趟火车到来，拍摄火车进站时的分镜头5，旅行节目的质量将大大提高。在等待下一列火车到来之前，可以利用这段时间拍摄分镜头3的地名画面，以及分镜头4中十分实用的电线画面。

拍摄火车的正面镜头（分镜头5）时，将摄影机放在三脚架上待机。在拍摄了一些穿过隧道的火车的画面后，我迅速调整了构图，这是因为从拍摄火车驶过来到火车停下来要花费很长时间。因为无须使用这段画面的完整素材，所以我改变了构图并拍摄了更多的画面。

实际上我想将画面拉到更宽的角度，

到达车站的女性

到达车站的女性（拍摄时的素材排列）

分镜头1

分镜头2

分镜头3

分镜头4

中途缩小镜头

分镜头5

到达车站的女性（剪辑后）

▲在时长较长的分镜头1和分镜头5之间，将分镜头2和分镜头4作为插入镜头插入，能够缩短视频时间，剪辑出节奏感。

但这一次我使用的是75—300mm的伸缩式变焦镜头，没办法拉到那么宽。因此，在剪辑时我插入了电线（分镜头4）的画面，以使其看起来不像是跳跃剪辑。

整理后，我按以下顺序进行了剪辑：①火车到达后的正面画面分镜头5；②插入电线镜头的分镜头4；③缩小镜头后分镜头5的延续画面；④车内拍摄的到达画面分镜头1；⑤女性从车内下来的正面画面分镜头2；⑥分镜头1的延续画面；⑦以地名信息分镜头3结束。

像这样，首先沿着事情发展的先后顺序进行拍摄，之后再预想剪辑时所需的素材并进行补充拍摄即可。事前充分准备好拍摄计划，能减少很多不必要的麻烦。

第3章

111

58 插入与不插入风景，给人的印象会发生什么变化呢？

● 到达目的地后，旅程终于开始了。在旅行节目中，一般会拍摄车站名称和地名之类的镜头，使观众一眼就能明白节目组去了哪里旅行。但是，如果在影片中插入了过多地名等信息，则会错过令人印象深刻的自然风光，例如当天的天气和风景等。

这次，我们将介绍如何通过插入风景改变影片的氛围。类型1是没有插入风景的版本，类型2是插入了风景的版本。

类型1的分镜头1是车站标牌的镜头，简单地标示了位置信息。通过文字，让观众一眼就明白拍摄的地点在高尾山口。分镜头2是车站出口的远景画面。可以说，"远景"是一种方便观众理解的信息镜头，因为它能够使"位置"和"对象"一目了然。此时，女性从车站里走出来。

分镜头3是一位女性从车站走近入画的特写镜头。从画面中可以感受到强烈的阳光。分镜头4也是远景，表示已经到达旅游目的地。分镜头5是研究地图，女性准备选择步行路线。因为"远景"中反映了很多信息，所以便于观众理解。

分镜头6是看招牌的女性，调整构图后从侧面拍摄半身像。分镜头7通过场景变化说明画面信息，先拍摄"高尾桥"的名称，接着女性入画向着画面远处走去。综合来看，类型1有很多信息，给人的感觉是信息过多。

类型2以相同的镜头开始，但是在分镜头3人物抬头的瞬间，插入了分镜头4的风景画面。插入的时机是在女性抬起头后立即连接到分镜头4，以便让观众认为这是女性视线中的画面。

前景中的树木和画面深处的阳光形成对比，显得天气格外晴朗。通过增加屏幕上树木的画面比例，隐约表现出来到了一个自然风景秀丽的地方。如同通过文字表明地点，这里通过风景表明了天气，给人留下深刻的印象。例如，在表现下雨天时，可以通过雨水滴落在叶子上或水坑中的画面，令观众印象深刻。

到达目的地的女性

开头都是相同的

分镜头1

分镜头2

分镜头3

类型2在这里插入风景

类型1 没有插入风景	类型2 插入风景	
分镜头4	分镜头4	分镜头5、分镜头6与类型1相同都是研究地图。分镜头7是插入风景，用手持摄影机拍摄了女性视角的主观画面，给人一种在漫步的感觉。树木之间阳光闪烁，这是一幅能令人印象深刻的插入画面。分镜头8也是插入风景镜头，在散步的途中可以看到潺潺的流水。
最后一个镜头，在到达时，不巧有一辆小汽车停在背景处。如果时间充裕，可以等待小汽车离开。作为对比，类型1中使用了有小汽车的背景，类型2中使用了小汽车离开后的背景。拍摄时大约等待了10分钟。
分镜头5	分镜头5	
分镜头6	分镜头6	
没有插入风景	分镜头7	
	分镜头8	
分镜头7	分镜头9	
▲可以拍摄诸如车站标志之类的地名，这样能方便传达信息。但是如果从头到尾使用则太过冗杂。	▲插入令人印象深刻的风景剪辑示例。大胆尝试拍摄特写，在剪辑过程中插入背景模糊但令人印象深刻的画面，能够缓和过多文字信息带给人的沉重感。	

第3章

风景画面

113

59

到达缆车平台的女性
（剪辑后）

● 当我刚开始做视频摄影师时，经常有人告诉我："镜头开始时，如果不确定怎么拍，那就用运动镜头。"当然，这并不是指跑动拍摄，而是要从看不到主要被摄体的地方开始拍摄，通过摇摄（摆动摄影机）拍入被摄体。例如，从天空的画面开始，向下摇摄逐渐拍入人物，这是一种基本的拍摄技巧。

为什么在不确定怎么拍的时候要使用运动镜头呢？尤其是在拍摄"纪录片"时，如果在事情的进行过程中拍摄，通常来不及改变构图就要开始拍摄。拍摄时如果能改变构图，会方便剪辑师进行剪切（缩短影片时间），如果全程没有改变构图，剪辑时若切掉一部分中间画面，就会让观众感觉到画面跳跃，有种不自然的跳帧感。

没有改变构图的长镜头和短起幅（起幅：摇镜头开始时，约1至2秒钟的静止画面）是很难进行剪辑的。

当场景变化时，这种"运动镜头"的拍摄

学会拍摄运动镜头

在旅行节目中，经常会拍摄人物的背影镜头。如果直接连接这些镜头，画面看起来就像是拍摄对象瞬移到了其他场景中。使用"运动镜头"转场可以避免这种情况。

分镜头 1

分镜头 2

▲人物构图基本相同，直接连接则变成效果欠佳的跳跃剪辑。

请观看视频
到达缆车平台的女性
（连接素材）

使用运动镜头

分镜头 2

▲如果从空白画面向下摇摄并逐渐拍入人物，就不会产生奇怪的瞬移感。这样的镜头很适合在匆忙的旅行中拍摄。

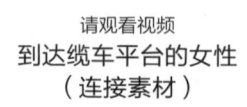

到达缆车平台的女性

分镜头 3-1

分镜头 4-1

插入镜头

分镜头 4-2

插入其他的近距离拍摄镜头

分镜头3和分镜头4分别是从女性的正面和侧面拍摄的，但并没有让人物重复爬楼梯，而是从不同地点分别拍摄的。如果将其剪辑为好像是在同一位置拍摄的，就能让作品更加有趣。

插入镜头

分镜头 3-2

方法特别有效。若从看不见被摄体的地方开始拍摄，然后逐渐移动到被摄体，观众则会自发想象此时的人物行动。

这里作为前一节的续集，从渡过"高尾桥"的女性背影开始拍摄。不建议使用"到达缆车平台的女性（连接素材）"剪辑示例。建议参考经过精心修改的"到达缆车平台的女性（剪辑后）"示例。我们可以在（连接素材）示例中看到，女性渡过"高尾桥"后，突然切到了缆车平台画面。这种"跳跃式"剪辑，会让观众感觉很不自然。

与之相对，在剪辑后示例的后半部分，我从树木和天空的画面开始，使用运动镜头转场，在摇镜头的过程中，观众可以想象到女性此时慢慢走了过来，所以衔接十分自然。这与"人物入画"具有相同的效果，通过让"人物入画"，观众可以自发想象在"空画面"（空画面：没有拍摄对象的画面）时间里人物的行为。

在上楼梯的镜头中，拍摄了正面的分镜头3和侧面的分镜头4两种模式，但实际拍摄的是两段不同的台阶。即使这样，如果将两个镜头连接得很自然，观众也看不出区别，并且增加了爬楼梯场景的节奏感，使画面简洁明快。

通过"运动镜头"衔接不同场景使用不同构图，模拟两台摄影机的拍摄效果

第 8 章

115

60 乘坐缆车的女性

在只能拍摄到正面画面的场景中，怎么拍摄和剪辑呢？

● 在视频中表现"乘坐缆车的女性"时，可行的镜头为：

①乘坐时女性的正面镜头（从缆车前面进行拍摄）；

②背影画面（从缆车后面拍摄）；

③女性看到的风景（在女性乘坐的缆车上拍摄）；

④地面的远景图等。

在本系列中，因为只有一台摄影机，所以只有一次乘坐缆车拍摄的机会。因此，我决定乘坐在女性的前一台缆车上进行拍摄。

如果优先拍摄表情的话，那么从前方拍摄的画面则是最佳。虽然有一些限制条件，但仅使用一台摄影机也可以拍摄出精美的成片，来看看我实际上拍摄了怎样的素材，又是如何进行剪辑的吧。

片段1中，由于刚坐上缆车时摄影机的状态不稳定，没能拍摄到女性刚搭乘缆车时的画面。在剪辑时使用了画面比较稳定的镜头（分镜头1）。

片段2为女性看到的风景主观镜头。上述"③女性看到的风景"是从女性乘坐的缆车上拍摄的，即使摄影师不在同一台缆车上，也可以拍摄角度相同的主观画面。由于缆车位于左侧，因此拍摄了左边的风景。在这次拍摄中，有工作人员带着三脚架坐在摄影师的前一台缆车上，所以无法拍摄女性的正面主观镜头。在剪辑时，分镜头1的结尾处，当女性向左看时连接分镜头2的风景画面。

片段3中，是通过女性视角仰视头顶的缆绳和树木。本来想用这个片段来替换女性的正面主观镜头，但因为屏幕上树是从下往上运动的，与女性的正面镜头连接会让人感觉很奇怪，因此没有使用。如果是连接女性的背影镜头，则比较自然。

在片段4中，为了使拍摄的镜头看起来像是看到的风景，我指示人物"像观看风景一样看这边（画面的右侧）"。在剪辑中，在分镜头3女性朝左看的镜头后，连接分镜头4（片段7）的景象。

实际上，与分镜头2的仰视视角相比，分镜头4是俯视拍摄的，能看见些许缆车下方的风景。作为一种过渡，在连接分镜头5中女性害怕地观察正下方时，会更加连贯自然。

片段5是拍摄正下方时的主观画面。在拍完这个镜头后，我指示演员"接下来往下看"以拍摄片段6，女性往下看并感到害怕。我在剪辑时对调了这两段镜头的顺序，给观众一种女性向下看并感到害怕，接着连接主观画面的观感。

在片段8中，我向上拍摄了背景的群山，但并没有使用这段画面。取而代之的是，先连接片段10，女性稳定的正面镜头，然后再连接片段9，从画面右侧拍摄到的开阔景色，给观众留下深刻印象。

情景镜头

乘坐缆车的女性（剪辑后）

- 分镜头1 
- 分镜头2 
- 分镜头3 
- 分镜头4 
- 分镜头5 
- 分镜头6 
- 分镜头7 
- 分镜头8

▲调换分镜头的顺序，剪辑插入各个场景。在连接时，如果有使视频看起来不自然的镜头则放弃使用。

乘坐缆车的女性（素材）

- 片段1 乘坐缆车 
- 片段2 景色的主观镜头（从右往左/仰视拍摄）
- 片段3 景色的主观镜头（正上方的缆绳/从下往上）
- 片段4 从正面给出指示（看向画面右侧） 
- 片段5 景色的主观镜头（正下方）
- 片段6 从正面给出指示（看向下方） 
- 片段7 景色的主观镜头（从右往左/俯视拍摄） 
- 片段8 正面（为了能看到远方的山，仰视拍摄）
- 片段9 正面（人物视线、仰视拍摄）
- 片段10 正面（构图紧凑）

第3章

117

61 从较长的素材中剪掉多余的镜头，掌握分镜的节奏

● "吃丸子的女性"分镜中，人物下车后立即去吃丸子。在吃东西之前从买丸子的地方开始拍摄。

在进入主题之前，先来看一下拍摄"意外频发的旅行节目"分镜头时要注意的几点。在通常情况下，剪辑时不会使用拍摄素材的开头和结尾镜头，这是因为在按下录制按钮时，画面会产生轻微的抖动。此外，目前很多人都使用配备了大尺寸互补金属氧化物半导体（CMOS）传感器的摄影机进行拍摄，由于此传感器特有的滚动快门现象，录制结束的瞬间，画面可能会略微变形，因此也无法使用。这次旅行是用佳能的5D Mark II相机拍摄的，但也存在同样的问题。

也有一些动作在影片录制开头就发生了，如果你特别想保留这段动作，也可以在不剪辑的情况下直接使用。但是如果可能的话还是剪辑为好，因为剪辑之后的作品质量会更高。

我从烘烤丸子（片段1）开始拍摄，然后改变构图稍微拉近画面，拍摄了从开始到购买丸子的一系列动作（片段2）。片段2是一个很长的镜头，如果一刀不切，影片会过于冗长，但是随意剪切，又会使画面看起来像弄错了似的不够自然。

此外，在摇动摄影机跟随被摄对象或进入卖丸子屋檐下的场景中，曝光会发生变化，这些都算是摄影中的幕后画面，在剪辑时都需要切掉。

重点是烘烤丸子的画面。由于这个画面与女性的一系列动作是分开的，为了剪掉影片开头摄影机的抖动画面，在编辑时改变场景的顺序，把烘烤丸子的画面作为插入镜头使用，能使画面更加流畅。还有一个问题是在付款时曝光度发生了改变，并且付款后要等待一会儿才能拿到丸子，如果直接使用这个片段，会导致时长过长，延缓整体的节奏。

吃丸子的女性

吃丸子的女性（素材）

片段1 — 剪掉摄影机抖动的画面

片段2 — 剪掉曝光改变的画面

▶ 在购买丸子的地方拍了两组分镜头。虽然很难在旅途中拍摄一系列动作的分镜头，但是如果直接使用原片，则会导致时长过长。

吃丸子的女性（剪辑后）

分镜头1
分镜头2
分镜头3
分镜头4
分镜头5
分镜头6
分镜头7
分镜头8
分镜头9
分镜头10
分镜头11
分镜头12

通过剪辑来组织长镜头

通过剪辑将两组片段切分为5个分镜头。缩短了大约一半的时间，节奏也有所改进，不会让人感到无聊。

让饮食场景不再单调的拍摄方法

如果如实地记录吃丸子的过程，完整拍摄的话时长就太长了，而且不方便后期剪辑。在这种情况下，丰富拍摄方法更加利于剪辑。在这里，我分别拍摄了7个分镜头，请参考。

实际上，如果你看了剪辑后的影片，会发现即使剪掉了付款的场景，也不会让人感到不自然。另外请注意，拍摄时要尽可能地改变构图。这次我使用的是单焦点50mm镜头，无法像变焦镜头那样自由地改变构图，不过也够用了。

如果只是单纯地记录吃丸子的过程，会显得比较单调，因此我改变了构图和朝向，拍摄了7种模式。此外，在分镜头7的丸子特写镜头中，指示人物旋转竹签，在分镜头10的吃丸子的侧面镜头中，通过进食的动作连接到特写的分镜头11，缩短了影片长度。

第3章

119

62

不映入观光地标志和围栏的分镜方法

●在进入主题之前,让我先解释一下"拍摄时为什么要预想剪辑效果"。拍摄纪录片时,通常按拍摄顺序、时间顺序排列素材,但如果在拍摄时,你能意识到"这个地方需要插入镜头"或"在这里需要更改构图",并针对所拍场景灵活改变拍摄方法,那么将大大有利于后期剪辑。

例如,当旅行者提到某物时,需要插入镜头。观众也希望看到所提到的事物,因此此时需要拍摄特写镜头。当你认为对话或动作很长的时候,需要改变构图。我们可以把对话中的停顿(基本上是一句话结束的时候)当作剪辑点,此时缩小或放大构图来继续拍摄,这样剪辑时就可以根据剪辑点进行剪切。

那么,首先在本示例中我们先来看看拍摄地点"树"的周围情况。下图是女演员在树旁站立的背影画面,树下放了一个警示桩,画面右侧树旁还有栅栏。为了避开这些干扰物,我们必须确定从哪个位置进行拍摄以及如何拍摄。

在拍摄阶段,摄影师的位置非常重要。人们常说"从专业摄影师的位置进行拍摄就能拍出高质量的照片",但摄影师也是根据自己的经验来确保最佳的拍摄位置的。在拍摄纪录片时,要尝试预测拍摄对象的动作(在某种程度上预测下一个动作),来找到易于拍摄的位置。

在剪辑过程中,我首先从正面拍摄了女性朝着树走来的画面(分镜头1)。此时,警示桩就在摄影师的脚边,栅栏就在身后。在分镜头2中,在抬头仰望树的女性身后,以低角度拍摄大树,给人一种真实感。景深较浅,没有聚焦在前景中的女性身上,而是聚焦在神树的树干上。

在展示了分镜头2的树之后,观众通常希望看到抬头仰望时女性的表情,因此,我在拍摄时也在思考,接下来要如何拍摄女性的表情。分镜头3拍摄了抬头仰望时女性的表情。此时,将背景中的树木进行模糊处理,景深设置浅一些,更加突出人物的表情。

使用数码单镜头摄影机时,像这样即使没有与人物保持一定的距离,也可以聚焦于想要拍摄的事物。这个镜头是用50mm·F·1.8光圈孔径拍摄的。如果使用摄影机拍摄,则需要与目标人物保持一定距离,用长焦镜头将景深调浅,因此请调整好拍摄位置。

紧接着,在拍摄女性的面部表情时,观众会再次好奇人物主观视角下的画面,因此下一个镜头要拍摄女性的主观画面。分镜头4仰视拍摄神树作为女性的主观镜头。分镜头5继续模仿女性的主观视线,慢慢向上摇摄,拍摄树干上的苔藓。阳光照射下的绿色苔藓很美丽。这种局部近景可以用作插入镜头,在动作拍摄结束后再进行另外的补充拍摄。

最终的分镜头6是女性的背影和树木在同一画面中,并向上摇摄。与上一个苔藓的特写镜头进行连接。如果拍摄现场没有警示桩或栅栏,那么最后以远景结束也很好。

抬头看大树的女性(现场情况)

▲摄影现场。由于不想让警示桩和栅栏进入画面,要寻找合适的拍摄位置,边拍摄边思考下一步的摄影计划。

抬头看大树的女性

抬头看大树的女性（剪辑后）

分镜头 1
▲焦点向前推进跟踪人物。

分镜头 2
▲越过女性的背影向上摇摄。

分镜头 3
▲模糊背景，拍摄抬头看大树时女性的表情。

分镜头 4
▲女性的主观镜头。移动摄影机模仿人物的视线。

分镜头 5
▲这个也是女性的主观镜头。缓慢地向上摇摄。

分镜头 6
▲拍摄背影并向上摇摄。

▶ 成功的秘诀是提前思考下一步的拍摄动作

此次是按照拍摄顺序进行的剪辑，在拍摄时预想到剪辑后的效果，能够使拍摄进行得更加顺利。

第 8 章

63

使用分镜技巧和两种不同的结尾镜头告别只有背影的单调画面

● 在"走路的女性"分镜中，会复习到之前所学的一些要点，让我们在实践中学习并掌握吧。"行走"本身就是基于"走路"的动作，因此在拍摄和剪辑"走路"时也能用得上。接下来我将"行走"分为详细的长版和简洁的短版进行讲解。

首先是分镜头1。步行开始时，使用易操作的"运动镜头"来进行转场或作为场景的开头，从鸟居开始向下摇摄，引入画面。另外"人物入画"也能产生类似的拍摄效果。

"运动镜头"是一种从空镜头转到人物的拍摄技巧，适用于两种情况：第一种是所拍画面过于宏大，远景也无法囊括整体画面；第二种是在拍摄纪录片时无法及时地改变构图。观众可以在空镜头画面中想象出人物此时的动作，因此，可以自如地接续在大多数镜头后面。

接下来的分镜头2是"从脚部开始向上摇摄"的镜头。这也是拍摄"行走"场景的实用技巧。希望你能记住这种拍摄方法，丰富影片的拍摄效果。在长版的分镜头2中，"从脚部开始向上摇摄"后直接拍摄背影。在短版中，剪掉了从脚部开始向上摇摄的部分，但是由于构图发生了改变，即使没有摇摄的镜头，从前一个镜头直接连接过来也没有太多违和感。

旅行时，摄影师一般会和旅行者一起行走，因此往往会拍摄很多背影画面和并行画面。如果可能的话，可以提前绕到前面拍摄旅行者的正面画面，即使只有一个镜头，影片的质量也将大大提高。分镜头3摄影师走到了旅行者前方，架起了三脚架，并使用可伸缩变焦的75—300mm镜头进行拍摄。即使只有这样一个镜头，画面质量仍会明显提高。

分镜头4也是背影，在长版中，从背影画面慢慢转到了人物侧面，与人物并行拍摄，但这个镜头比较长，所以在短版中，剪掉了从背影移动到侧面的过程。

分镜头5从女性的正面开始拍摄，在长版中，摇摄跟拍走来的女性并转了180°。拍摄难度不大，但在跟拍时需要等待一段时间，人物在距离摄影机越来越远后才能结束拍摄，而且这个等待的过程不太方便剪辑，所以整个视频的时间较长。短版中则是果断切掉了这部分，让人物直接出画，缩短了视频时间，也更方便影片收尾。

请观看视频
走路的女性（短版）

走路的女性

走路的女性（长版）

分镜头1（运动镜头）

分镜头2

分镜头3

分镜头4

分镜头5

剪掉

剪掉

剪掉

剪掉

不跟拍人物的话，拍摄能更加简短

分镜头5（其他拍摄片段）

让我们来比较一下长版和短版"步行"视频的三个要点是：①使用运动镜头（分镜头1）开始场景；②"从脚部开始向上摇摄"丰富拍摄方法（分镜头2）；③由于拍摄旅行照片时很容易只拍背影画面，因此请提前绕到人物前面进行拍摄（分镜头3）。

▲拍摄最后的镜头时，如果跟随拍摄对象拍摄，必须等待人物走到一定距离后才能结束拍摄。如果果断让人物出画，就能很快结束画面。

|||||||||||||||| 短版中使用的分镜头

第3章

123

64

爬山的女性（剪辑后）

● 接下来我们看看如何拍摄"爬山"的动作。如果让你来拍，你会拍摄怎样的画面呢？除了拍摄，在剪辑上又该注意哪些事项呢？让我们一起来学习吧。

让我们先看一下剪辑后的完整版本。一位女性在长长的台阶前给自己加油打气，然后开始爬山（分镜头1）。在分镜头2中，使用三脚架固定摄影机，并从脚部开始向上摇摄。向上爬了几层后，切换到分镜头3，从右斜后方使用手持拍摄。分镜头4绕到女性的前方，并从阶梯的顶部拍摄女性的远距离中近景，朝着腿部向下摇摄。分镜头5是从右斜前方使用手持摄影机与人物并行拍摄。在最后的分镜头6中，在山顶放置三脚架拍摄全景，人物随着走动自然出画。

现在，让我们看看各个场景都是如何拍摄的。片段1（分镜头1）中女性只爬了几级台阶，但实际录制时让演员一直爬到了阶梯的中间位置。这段多拍的预留镜头是为了方便在任意地方进行剪辑。片段2（分镜头2）实际上也拍摄了很长一段时间。从脚开始向上摇摄，然后持续跟拍直到拍入整个人物的全景。片段3（分镜头3）使用手持摄影机跟随拍摄背影。

片段4（分镜头5）已通过剪辑重新排序，但在实际拍摄时，是紧接着分镜头3的手持镜头后拍摄的。片段5（分镜头4）在阶梯顶部放置三脚架，然后用变焦镜头拍摄远距离中近景。由于片段6拍摄时没对好焦，因此我重拍了片段7（分镜头6）。

最后介绍一下"爬山"动作在剪辑时需要注意的细节。我们在日常行走时双腿交替着向前迈步。在剪辑"步行"动作时也是一样，要注意人物左右腿之间的迈步衔接是否自然。

剪辑素材请观看视频
爬山的女性（素材）

分镜头1 使用三脚架拍摄（片段1）

分镜头2 使用三脚架拍摄（片段2）

分镜头3 使用手持拍摄（片段3）

爬山的女性

在"脚部动作"的"不自然的衔接"镜头中，在分镜头1的结尾，女性右脚接触地面的那一刻切换画面，然后在接下来的分镜头2中，也是抬起右脚接触地面。换句话说，明明上一步是右脚踏出，但下一步却再次伸出右脚，使画面连接很不自然。此外，动作的不自然也会破坏剪辑的节奏，仿佛中间失误多剪掉了一个画面。

在"自然的衔接"镜头中，不会让观众产生违和感。虽然只是一个小小的剪辑细节，却在很大程度上决定了视频的质量。

剪辑时注意迈步的顺序让动作衔接更加自然

分镜头4 使用三脚架拍摄（片段5）

分镜头5 使用手持拍摄（片段4）

分镜头6 使用三脚架拍摄（片段7）

三脚架固定镜头和手持镜头的完美结合

视频中使用了6个分镜头组成爬山动作。这些镜头不仅在构图和角度上有差异，而且通过混合三脚架和手持拍摄的画面表现出了"气喘吁吁"的真实感。

请观看视频
脚部动作

衔接抬起右脚的动作则显得不自然

衔接抬起左脚的动作则十分自然

▲远景以拍摄抬起的右脚结束，接下来的近景镜头当中……

65 注意把握拍摄角度，重点表现山坡的倾斜程度

爬坡（表现出坡度）

● 是否有过这种经历？当爬上滑雪胜地的山顶，从山顶往下看时，感觉雪坡就像悬崖般陡峭，令人心惊胆战……同样一个山坡，从坡顶往下看时要比从底下往上看感觉更加陡峭。

但在视频中应该如何表现这种陡峭感呢？即使是从坡顶往下拍摄，视频中的坡度也没有真实体感来得危险陡峭。

因此，我想介绍一下如何在"爬坡"主题中表现"坡度"。正常拍摄时，能表现出攀爬的动作，但却表现不出陡峭的坡度。为了验证这一点，我们来比较一下两段视频中坡道的不同，"爬坡"是正常拍摄的，拍摄中没有注意表现坡道的倾斜程度，而"爬坡（表现出坡度）"中重点表现了倾斜程度。

分镜头1是相同的场景，一位女性开始爬坡。"爬坡"分镜中是将摄影机保持在视线高度的位置进行拍摄，而"爬坡（表现出坡度）"却是从低角度仰视拍摄。通过仰视的拍摄方法，增加了坡道的倾斜感。

分镜头2是爬坡的腿部特写。正常拍摄时，摄影机保持视线高度，因此画面呈现俯视角度，但如果想表现倾斜度，建议使用低角度拍摄会更加有效。通过低角度拍摄，能将坡度的线条收入画面背景中，甚至能表现出主人公一步步艰难攀爬的感觉。

分镜头3是从侧面拍摄的镜头。两段视频中摄影机都保持在视线高度，但是"爬坡（表现出坡度）"分镜中与拍摄对象稍微隔开一定的距离，并且拍入了坡道的倾斜线条。分镜头4是爬坡时脚部的正面镜头。这也是保持在视线高度并向下俯

爬坡

分镜头1

分镜头2

分镜头3

分镜头4

分镜头5

▲当摄影师将摄影机保持在视线高度并正常拍摄时，无法完全保持水平的拍摄角度，并且由于摄影机的位置较高，部分画面的视线是向下的，因此很难表现出坡道的倾斜度。在另一种"表现出坡度"的镜头中，分镜方法是相同的，但通过改变摄影机的拍摄角度，表现出了坡道的倾斜度。

爬坡（表现出坡度）

分镜头 1 
分镜头 2 
分镜头 3 
分镜头 4 
分镜头 5

拍的，比起第一段中的俯视拍摄视角，能看出第二段中低角度拍摄的画面效果更好。

分镜头5为翻过斜坡的镜头，为了表现出倾斜度，利用坡度的起伏，使用了"印第安镜头"（参考下图）这种特殊的拍摄方法进行拍摄。所谓"印第安镜头"，指的是拍摄出好像印第安人从起伏的山丘对面走过来的样子，在美国西部片中经常能见到这样的画面。这种拍摄方法会受到较大的场地限制，建议先记下来方便将来灵活运用。

如何拍摄印第安镜头

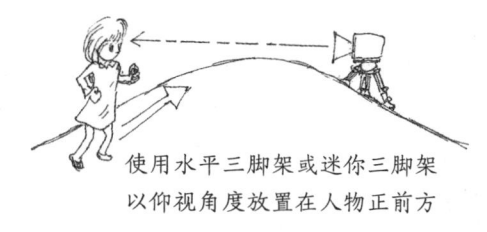

使用水平三脚架或迷你三脚架以仰视角度放置在人物正前方

分镜头1：仰视拍摄背影。通过尽可能放低角度并使用广角镜头拍摄可以更容易地表现出倾斜度。
分镜头2：从低角度手持设备跟踪拍摄的镜头。
分镜头3：在人物的侧面水平放置三脚架，并用广角拍摄，反映出背景的倾斜线。
分镜头4：从低角度拍摄腿部行走的画面。
分镜头5：使用印第安镜头拍摄爬坡的画面。女性从坡道的另一边出现在画面中。

▲由于受到拍摄场地的限制，请事先选择合适的外景场地。为了如上图所示安装摄影机，必须找到一个两面倾斜的坡顶。如果坡顶一侧的路面是平坦的，也无法拍出印第安镜头的效果。另外，重点是用长焦镜头拍摄。

第 8 章

127

在车站前等待的女性（在恶劣条件下）

既要切掉无关要素，又要说明"车站前"的现场情况

● 接下来进入京都观光篇。在这一节中，我将介绍如何拍摄"在车站前等待的女性"的画面。由于之前已经介绍过了类似的内容，所以这次想重点介绍在外景等不方便拍摄的地点，要如何巧妙地进行拍摄。

京都车站，充满和风气息的古都大门。但是，当实际到达该地点后却发现，由于道路建设、人群拥挤以及车站周围交通拥堵，很难拍出理想的画面。不仅仅是京都车站有这种情况，许多外景地的实际效果都与预期效果相去甚远。

在电影和电视剧的现场，为了构建作品中的世界，制作部门会暂时阻止行人和汽车经过，使用临时演员来扮演来往的行人，掐着时间让他们从摄影机前经过。但是，在不具备这种条件的拍摄现场，理想和现实却是完全不同的。

本次的拍摄主题为在京都车站前拍摄"在车站前等候的女性"，我选择了京都车站大楼作为背景，并使用远景拍摄女性拿着行李箱正在等候的画面（分镜头1）。为了让画面更具客观性，我使用了广角镜头进行拍摄。

你可能会觉得画面下方的部分被切掉太多了，但如果你参考下一页"片段1"中实际的站点情况，就能理解我这样拍摄的原因了。人物周围有许多绿化工程和警示桩，我不想把它们放进画面中。因此，当我用广角镜头拉出镜头时，为了不显示出周围的环境，从脚部周围往上、略微仰视地拍摄画面。

分镜头1

分镜头2（向上摇摄）

分镜头3

在车站前等待的女性（未使用的画面）

片段1

片段2

分镜头4（手持摄影）

分镜头5

▲ 分镜头1中没有把行李箱拍摄进去。因为我想通过握住把手的动作和行李箱旁脚的镜头来表现出等待感，所以需要在视频前半段就告知观众行李箱的存在。因此在分镜头2中使用了向上摇摄。

　　分镜头2从行李箱和腿部开始向上摇摄。由于分镜头1中脚下的行李箱无法入镜，所以用这个画面进行补充说明。原本，我想把分镜头1用作定场镜头（场景开头的画面，用于说明现场情况、演员的位置关系等），在远景画面中一起拍入行李箱。为了弥补分镜头1中没拍到行李箱的缺憾，我将画面两端收紧，避免警示桩等出现在镜头中，然后使用向上摇摄来拍摄画面。

　　分镜头3是握着行李箱把手的一张特写画面。分镜头4切换为手持拍摄，并向女性靠近，增强画面的主观性，表现出在寒冷中等待的状态。分镜头5是行李箱和脚的镜头，这是表现等待时焦躁心情的经典镜头。

　　最后，让我们看一下剪辑中未使用的画面。如上所述，片段1是在最糟糕的情况下拍摄到的远景画面。在这个场景中很难确定画面主题。但在实际拍摄时这样的情况很常见，所以在寻找外景场地时，要提前确认好拍摄位置以及如何拍摄。

　　片段2实际上是拍摄的第一个镜头。因为没有对外景地提前踩点，所以最开始尝试着拍摄了这个简单的画面。此时与人物间的距离不远也不近，但客观性较弱，像是电视节目中刻意表现出的那种"等待"。并不是说它不好，而是要根据创作意图区别使用。

　　此时再重新观看编辑好的视频，你会发现现场的杂乱感有所减轻，道路上的交通以及车站周围的喧嚣也恰到好处。

67 将定场镜头* 放在开头

● 到达了京都篇的旅行目的地清水寺。相信每个景点都有最佳拍摄位置，能拍出印在明信片上的"最美镜头"。清水舞台的话，我想大家都曾经看到过以京都市为背景，从清水舞台右侧拍摄的画面。参观旅游景点时，你不妨也试着找找该景点的最佳拍摄位置吧。如果将这个画面放在影片开头，那么就会成为影片的定场镜头。

但是，将令人印象深刻的画面放在影片开头还是结尾，给人的印象也会有所不同。这次让我们来具体研究一下。

"将定场镜头放在开头"时的情况：分镜头1从京都市内向着清水舞台，也就是画面右侧进行摇摄，清楚表现出所在地和位置关系。在分镜头2中，女性倚靠着栏杆，探出身子低头看着清水舞台的下方。分镜头3为了表现舞台的高度，从女性的视线下方向上仰摄。这段视频表现出了位置关系和位置高度。

而当"将定场镜头放在结尾"时：分镜头1是在清水舞台上拍摄的镜头，女性越过镜头走向扶手。如果以这个画面开场，观众则看不出来女性所处的具体位置。分镜头2从侧面拍摄女性抓住扶手向下看。在这个画面中可以看到树木后面的城市景观，但即使如此，也不能确认人物的具体位置。

分镜头3是女性清爽表情的特写镜头，也尚未透露位置。越不透露位置的情况，观众越好奇人物所处的地方，引起观众的"好奇心"。分镜头4是从清水寺向着左侧京都市的方向摇摄。到这里，观众终于知道了地点在清水寺。在第二段视频中，最后揭晓了具体位置和位置关系，但始终没有表现出位置高度，而是通过女性的表情来表现兴奋的心情。

抵达目的地

定场镜头

分镜头1

分镜头2

分镜头3

▲在第一个镜头中告诉观众位置在哪里，适用于旅行记事。

***定场镜头**：经常用于场景开头，是能够表明场景位置和演员位置的镜头。

将定场镜头放在结尾

分镜头1

分镜头2

分镜头3

分镜头4

定场镜头

▲故意在最后才交代场景位置，这样更能够表现出主人公来到清水寺的兴奋心情。

将定场镜头放在开头还是结尾会产生不同的印象

这两种拍摄方法并没有谁对谁错。如果为了交代地点信息和位置情况，那么在开始时就使用定场镜头能够让人更加容易理解，并且适合用于记录性的视频。如果故意不交代地点位置或具体情况，只是跟随拍摄人物的表情，就会产生戏剧性效果。根据表达方式的不同，观众的感觉也会有所变化，请根据情况灵活使用。

顺便说一句，两段视频中的定场镜头使用的都是同一个拍摄片段。这种左右"来回"摇摄的镜头非常方便，在剪辑时左右两个方向都可以使用。在实景拍摄时，我们最好都使用双向摇摄来进行拍摄。如果像现在这样从实际场景摇摄到清水舞台（人物）时，就会产生"运动镜头"转场的效果。相反，如果是从舞台摇摄到实际场景时，则会让观众的注意力从人物转向风景。

双向摇摄的必要性体现在两方面，一方面在于从人物摇向风景还是从风景摇向人物的微妙差别，另一方面在于拍摄实景全景镜头时，能够避免剪辑时出现画面前后连接不自然的情况。

双向摇摄的实际操作流程是：①固定对焦大约20秒→②向右侧摇摄→③停止摇动，固定对焦大约20秒→④向左侧摇摄并返回。像这样，一个拍摄片段中就能表现出4个镜头变化。

第3章

131

第4章

爱情剧的分镜

让我们来看看爱情剧当中的常见镜头吧。由于登场人物有两个人，所以分镜也变得复杂了。即使是同一个亲吻镜头，初吻和成熟的吻，拍摄方法也各不相同。令人意外的是，"把女性围到墙边告白"才是最难拍摄的，在外景踩点时就要事先确定好摄影机的位置。

相遇之吻

● "爱情剧"的第一个主题是"相遇之吻"。虽然这是现实生活中不可能出现的情况，但它也是爱情喜剧当中的经典镜头。让我们来看看可以说是偶然的"相遇之吻"吧。

实际上，最重要的是如何选择外景拍摄的地点。最好选在有高墙阻碍彼此视线的转角处，如果可能的话，最好还有一个可以拍摄远景的位置，可以一眼看到两个人物同时在奔跑。尽管角色们不知道，但观众很容易猜测到接下来会发生什么，因此能拍出让观众期待万分的定场镜头（分镜头4）。

分镜头2和分镜头3分别拍摄男女奔跑的画面。这两个镜头非常重要，因为在接下来的分镜头4中阐明了两人的位置关系。

之后，为了使慢动作更加流畅，将24p切换成60p的帧率进行拍摄，并使用反切手法仔细地拍摄了相撞时两个人的表情。但由于倒地的动作比较危险，因此故意只拍了房屋的实景（分镜头9）并将倒地的声音添加到这个分镜头中，观众可以想象到人物倒地。这样，就可以跳到下一个接吻的镜头中（分镜头10）。

说明情况的同时，挑选让观众激动的分镜头

相遇之吻

分镜头1：正在奔跑的女性（远景）。
分镜头2：镜头拉出，手持拍摄特写镜头。
分镜头3：男性一边看手表一边急地奔跑着（远景）。
分镜头4：定场镜头，可以看到男性和女性在房屋两旁奔跑（显示人物位置关系和情况的镜头）。"再这样跑下去，肯定要撞到一起了！"这是引起观众激动的一个重要镜头。

分镜头5：女性的主观视角，男性突然冒出。
分镜头6：两个人相遇时发生碰撞（60p*拍摄的慢动作）。
分镜头7：男性摔倒时的表情（慢动作）。
分镜头8：女性跌到男性身上（慢动作）。

分镜头9：插入房屋的实际场景，加入跌倒的声音（咚）。
分镜头10：两人倒在一起的远景，定场镜头。
分镜头11：亲吻的特写画面。女性感到震惊，赶紧起身。
分镜头12：与起身的动作连接，女性背对着男性。男性起身。
分镜头13：女性尴尬的表情特写镜头。触摸嘴唇，确认亲吻的感觉。

*60p：指每秒60帧的帧速率。

第4章

69

初吻

● 在这里，我们将介绍爱情剧中必不可少的"初吻"的场景。初吻场景的分镜要点在于重复反切的镜头。"初吻①"通过切换镜头，仔细地拍摄男性和女性面对彼此时的表情，直到亲吻上对方为止。为此，需要越过彼此的肩膀进行拍摄。

另外，谈到接吻场景时，部分演员可能无法接受亲吻。因此，在演员无法接受亲吻的情况下，可以尝试拍摄"借位接吻"分镜头（分镜头6之前镜头相同）。

"初吻②"的分镜头7是握住女性肩膀的手部特写，构图中故意不拍两人的嘴。男性的手轻轻抓住女性的肩膀而不露出亲吻的嘴唇。分镜头8中，两人的面部重叠从而看不清嘴部的动作。这种拍摄方法是用男性的头部遮住了嘴，并拍摄远景画面。可以参考"幕后"镜头来查看头部的位置关系，演员此时并没有接触。

另外，还有一种故意不拍接吻画面的拍摄方法，可以插入女性为了配合男性的身高而踮起脚的脚部特写画面。这个镜头过去非常流行，但最近没怎么见到了。不过我觉得这可以作为一个拍摄技巧先记下来。

使用重复反切构成分镜，通过画面停顿表现两人之间的暧昧感

初吻

分镜头1

分镜头2

分镜头3

分镜头4

分镜头5

分镜头6

分镜头1：两人入画，走到树荫底下。
分镜头2：从侧面拍摄两个人互相凝视。
分镜头3：男性凝视的表情。越过肩膀拍摄。
分镜头4：女性凝视的表情。从另一边越过肩膀拍摄。
分镜头5：再次拍摄男性凝视着女性的表情。越过肩膀拍摄，然后再次转向另一边。
分镜头6：女性的表情。再次对视，男性的脸渐渐靠近。越过肩膀拍摄。

初吻②
演员不接受亲吻的情况

分镜头7 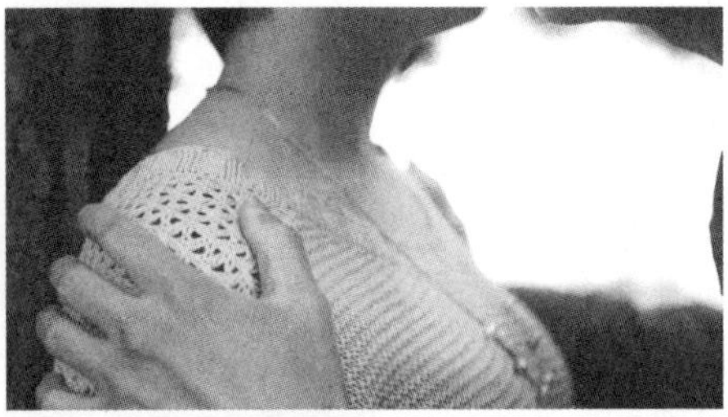
分镜头8

分镜头7：不拍摄正在接吻（嘴唇重叠在一起）的画面，而是拍摄男性搭在女性肩膀上的手。
分镜头8：拍摄男性的背影远景，用男性的头部遮挡正在接吻的画面。

初吻①
演员可以接受亲吻的情况

分镜头7
分镜头8
分镜头9

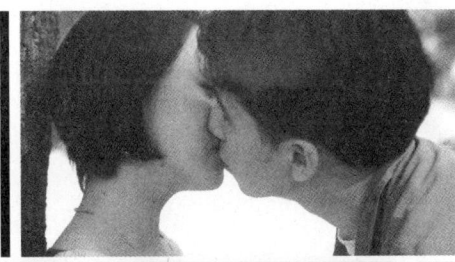

分镜头7：从侧面拍摄亲吻时的特写镜头。
分镜头8：男性表情的近距离特写。两人渐渐分开。
分镜头9：最后是女性的表情。特写镜头。

幕后

▲从侧面观察"初吻②"的分镜头7和分镜头8，两位演员并没有接触。我让演员头部重叠，并寻找不会穿帮的位置进行拍摄。

第4章

70 把女性围到墙边告白

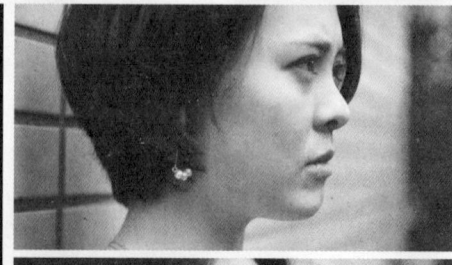

把女性围到墙边告白

● 正如我们在现实生活中很少会遇到"相遇之吻",当然也很少会遇到男性把女性围到墙边告白的情景。最近,这种告白方式似乎已经没那么流行了,但它仍然是爱情喜剧中的经典镜头。在表现"帅哥追求一个呆萌的女孩"时,它也是一种具有象征性且易于理解的视频表现方式,因此最好先记下来,以便需要时可以灵活运用。

像"亲吻场景"一样,这种场景也主要使用了反切镜头。被围到墙边的那一方心跳加快的表情,另一方逐渐逼近的感觉……虽然可以轻松地想象出这些场景,但如果想拍摄出脑海中的画面,在拍摄现场可能没那么容易。由于"墙"的存在,所以无法将摄影机放置在女性一侧来拍摄男性的表情,无法完美拍摄想象中的画面。

换句话说,如果尝试从围到墙边那一侧拍摄伸手扶墙的男性,那么自然需要从女性的身后拍摄。但是,由于在女性的身后有一堵墙,所以除非在墙上打一个洞或微调摄影机位置(为便于拍摄,在观众不知情的情况下从原始拍摄位置移开),否则无法为摄影机留出拍摄空间。

即使微调了摄影机位置,伸手扶墙那一方的手可能会够不到墙壁,因此很难拍摄出靠在墙壁上的感觉,并且会显得不自然。

寻找摄影机位置,尝试从正面拍摄男性的表情

分镜头1:男性和女性在建筑物后面人少的地方彼此面对着。远景。
分镜头2:女性侧脸的特写画面,男性把女性逼到墙边,左臂突然入画。
分镜头3:侧面的第2个镜头表现出两人的姿势,远景。

分镜头4

分镜头5

分镜头6

分镜头7

分镜头4：越过女性的肩膀拍摄男性的近景。渐渐逼近的男性。利用建筑物的转角放置摄影机拍摄。

分镜头5：表情特写。

分镜头6：切换镜头，拍摄女性的表情。女性心跳加速感到害怕。

分镜头7：越轴拍摄，逼近的男性和紧张的女性。插入心跳的声音增强画面效果。

在外景踩点时，在考虑演员的站立位置的同时，也要考虑好摄影机的位置。另外，还要考虑此时如果从摄影机的位置观察，背景中的画面是否合适？重点是寻找带有窗户或位于转角的墙，这样可以为摄影机留出一定的空间。

这次，我利用了建筑物的转角来拍摄女性视角下的画面，你也可以在学校放学后，利用空荡荡的走廊和学校建筑物的背面等场所进行拍摄。如果找不到放置摄影机的位置，拍摄伸手扶墙那一方的表情时，则只能从侧面拍摄，会降低此动作给人的压迫感。因此，摄影机的位置十分重要。

演员的实际位置与摄影机位置

▲利用建筑物转角放置摄影机。由于可以将摄影机放置在被围到墙边的女性的右侧，因此可以拍到男性的面部表情。当时，在转角处还微调了摄影机的位置。

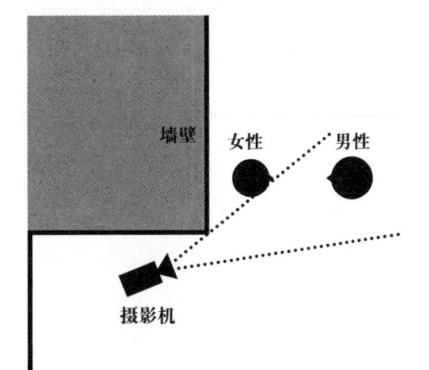

墙壁　女性　男性

摄影机

第4章

71

● 这一节要讲解爱情剧中的两个主题。首先是"见面碰头",表现男性在等待女朋友时,环顾四周的动作以及看手表或手机的动作。在这里,我拍摄了一边环顾四周一边确认时间的动作。

分镜头1和分镜头3是同一个远摄片段,而分镜头2和分镜头5也是同一个近摄片段。让演员重复做出一系列的动作,分别拍摄了远景和近景,并在剪辑时将近景和远景交替进行连接。在看表的动作中,插入了分镜头4的手部特写画面。由于无须表现具体的时间,因此没有拍摄表盘,将确认时间的动作传达出来即可。如果剧情需要表现出"见面"的具体时间,则要对表盘和手机显示屏进行特写拍摄。

分镜头6中模仿男性的视角,拍摄女性奔跑而来的远景,之后,在分镜头7中加入"男性注意到"的动作,就能让观众更容易理解。

另一个"肩并肩散步"是在长廊上转换拍摄背影和正面两个镜头。如果沿着道路的延伸方向拍摄,则需要暂时阻止路人经过或等待人流散去,所以如果你和工作人员有充足的时间,拍摄起来会更容易。

使用近摄和远摄相结合以及正面和背面镜头转换分镜

见面碰头／肩并肩散步

见面碰头

分镜头1 
分镜头2 
分镜头3 
分镜头4

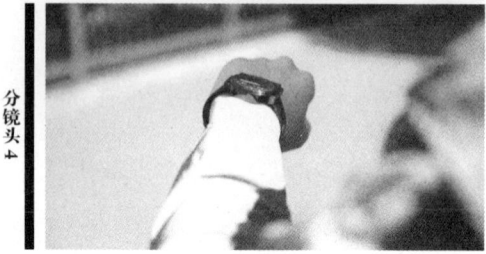

分镜头1:男性在桥上等待。远景。
分镜头2:插入男性的特写镜头。
分镜头3:切回分镜头1的远景。
分镜头4:连接分镜头3的看手表动作,从开始抬起手臂的动作连接到分镜头4,并插入手表的特写画面。

肩并肩散步

分镜头5：男性看完手表后的表情特写。与分镜头2是同一个拍摄片段。
分镜头6：女性从远处跑来的镜头。挥手。
分镜头7：男性注意到女性，并挥手回应。
分镜头8：女性入画，跑入男性正在等待的画面中。两人开始一起散步并出画。

分镜头1：采用垂直构图拍摄小路，男女二人并排入画，拍摄背影。
分镜头2：转向前方的垂直构图，拍摄两人散步的画面。
分镜头3：插入两个人的特写镜头，聚焦并跟随拍摄。
分镜头4：再次拍摄背影。

72

● 在拍摄动作场景例如击打或踢脚时，如果实际击中演员，可能会导致受伤，因此可以用脸部或身体遮挡击中的部分，使其看起来就像被击中了一样（请参考第152页）。虽然在爱情剧的"扇耳光"当中，也可以使用此技巧，但通过真实的拍打动作更能创造真实感，也能体现出演员的敬业精神。

虽然只是扇耳光，但如果拍打的位置不正确，也可能导致受伤，特别要注意不要碰到眼睛等部位。另外，如果舍不得用力拍打，只会导致多次拍摄效果不佳并重复拍摄，把脸打得更红。如果可以应尽量一次成功。如果要拍摄特写画面和远景画面且只有一台摄影机的话，至少要拍两次打耳光的动作。当我请教一个熟人演员拍摄秘诀时，他只说了两个字："忍耐。"

扇耳光／深吻

"扇耳光"时真实动作效果更好，"深吻"则可以通过剪影来表现

在此示例中，分镜头1和分镜头3是连贯动作，因此看起来似乎只打了一次耳光，但实际上，又打了一次才拍完。第二次是分镜头4中打的，在剪辑后仅使用了表情特写，但是在实际拍摄中，为了方便调整剪辑的时机，实际上又打了一次耳光。

扇耳光

分镜头1：男性和女性的远景画面。女性背对着男性。
分镜头2：从可以看到女性脸的那一侧拍摄。在身后，男性将手放在女性的肩膀上，然后女性转身。
分镜头3：连接转身动作，返回分镜头1的远景画面。从侧面拍摄真实的打耳光动作。
分镜头4：被打后男性的可怜表情。
分镜头5：女性生气表情的特写镜头。

深吻

分镜头1：汽车驾驶位和副驾驶位上的男女。从车外隔着挡风玻璃拍摄。
分镜头2：从驾驶位的外侧拍摄女性的镜头。
分镜头3：转换方向，从女性副驾驶位的外侧拍摄男性的镜头。
分镜头4：摄影机从后座拍摄，以挡风玻璃为背景拍摄两组接吻时的剪影。
分镜头5：从副驾驶的后排座椅上拍摄男性在亲吻后的表情。
分镜头6：转换方向，从驾驶位的后排座椅上拍摄女性接吻后的表情。

接下来是"深吻"。如果用普通手法拍摄的话，会让画面看起来很原始，因此，如果剧本中没有特别要求，则可以尝试拍摄唯美的人物剪影。这次，我以车内情况为例进行了拍摄。远景镜头是从引擎盖上隔着挡风玻璃拍摄的。每个回切的人物表情镜头都是从车外拍摄的，方法是将人物的部分身体遮挡在镜头前并靠近拍摄另外一人。而深吻画面则是从后排座椅上拍摄的，挡风玻璃前的剪影给人留下深刻印象，并且亲吻后彼此的表情也在阴影中若隐若现，十分唯美。

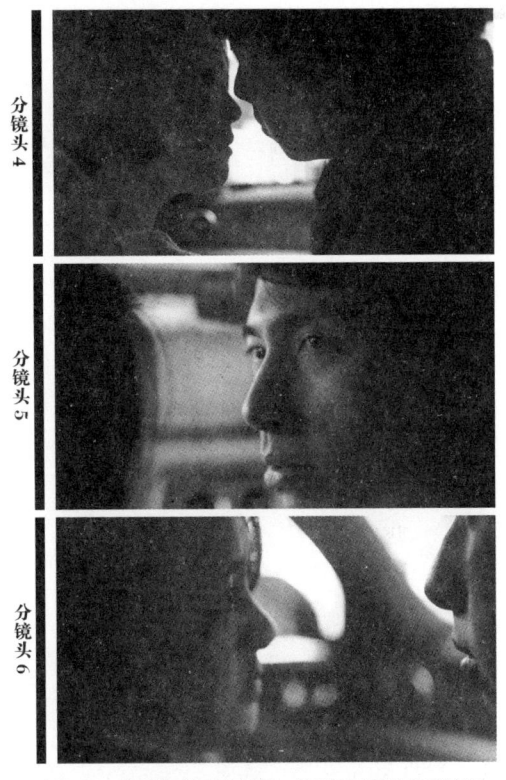

第4章

第5章

动作视频分镜

拍摄动作场景时不但要求演员有演技，还要求摄影师有一定的经验。在拍摄动作电影时，会配备专门的武术指导，在此次的拍摄中我也有幸得到了专业指导。另外，格斗时会使用到各种道具，拍摄时要多加小心。许多场景都有多种分镜方法，请大胆想象并尝试吧。

73

● 在本章中，我们将介绍动作场景的分镜。武术动作是相当特殊的类型。当拍摄电影或电视剧中的动作场面时，除了导演，还要有专门指导动作的动作指导。动作指导可为演员的表演增添动感，并指导拍摄工作、拍摄角度和镜头分割。导演指导"戏剧"，动作指导设计整个动作，因此专业性较高。

另外，由于移动速度很快，镜头只持续很短时间就立即切换到下个画面，因此必须把握好剪辑连接。为了拍摄多角度的精细镜头，拍摄时间也会相应延长。如果使用多机位拍摄，拍摄素材也随之增多。但是这次我们只使用一台摄影机拍摄并剪辑。

通过基础动作和实战场景学习分镜技巧

拳击

拳击

分镜头1 
分镜头2 
分镜头3 
分镜头4

分镜头1：摆好姿势。
分镜头2：眼睛特写。
分镜头3：从侧面近距离拍摄出拳时的近景。
分镜头4：拳头击出，直指摄影机。将焦点集中在拳头完全击出后的位置上，并在一定程度上调节景深，使脸部不会太模糊。

146

殴打坏人

分镜头1
分镜头2
分镜头3
分镜头4
分镜头5

连续出拳

分镜头1 
分镜头2 
分镜头3 
分镜头4 
分镜头5

分镜头1：与坏人对峙着。拍摄女主角正面。
分镜头2：镜头切换到坏人。由于双方站在对面，切换时构图方式相同。
分镜头3：再次切换拍摄两个人。
分镜头4：切换镜头两人开始打斗。女主角一拳击中。
分镜头5：坏人的背影。坏人摇晃着出画。

分镜头1：保持距离准备攻击，坏人先发动攻击。
分镜头2：以近景构图拍摄女主角躲避拳头的动作。用左手挡住攻击，然后用右手向对方腹部连环猛击。
分镜头3：从坏人的后侧拍摄击中坏人腹部的拳头。
分镜头4：切换镜头，女性一拳击中坏人的面部。
分镜头5：镜头回到女主角，最后一击打中坏人的脸。坏人被击垮并出画。

第5章

147

74

● 本节动作篇的主题是"踢"。"拳击"和"踢"的分镜方法十分相似。基本上，都是使用远景拍摄整体动作，使用近景拍摄踢腿、出拳、"抵御"和"击中"的动作。由于时常切换画面，在寻找合适的拍摄角度时，经常会不小心越过180°轴线。

　　即使平时拍摄时注意到不要越轴，但动作场景中人物的站立位置会经常改变并且移动速度很快，因此，如果不多加注意，很可能会弄混女主角和坏人的朝向，导致作品不自然。一定要多注意这些拍摄时容易忽略的要点。

　　请参考示例中的角度和构图。

使用近景拍摄分镜头，捕捉防御攻击和攻击敌人的瞬间

踢

踢

分镜头1

分镜头2

分镜头3

分镜头4

分镜头1：从脚部向上摇摄，人物摆好姿势。
分镜头2：踢腿的特写画面。
分镜头3：从侧面拍摄帅气的踢腿姿势，全景。
分镜头4：比分镜头3的画面近一些，以低角度拍摄收腿。

踢坏人

分镜头1：女主角低踢（左脚）。
分镜头2：坏人双手抵御低踢。
分镜头3：女主角脚部的特写画面，紧接着右脚发出高踢。
分镜头4：踢中了坏人的脸。
分镜头5：坏人的背影遮挡在镜头前，接着倒下出画，露出女主角的表情。

连环踢

分镜头1：女主角高踢（左脚）。
分镜头2：坏人弯腰躲避高踢。然后，女主角以左脚为轴心用右脚回旋踢。
分镜头3：坏人被踢飞。
分镜头4：坏人被踢飞并在地上滚动。*

*省略了从低角度拍摄坏人滚动的画面。

第5章

149

75

武器（双节棍）

● 接下来的拍摄主题是"武器"，拍摄了使用双节棍与刀具进行进攻和防守的画面。使用武器拍摄时，有必要做出取舍，要执着地追求真实感还是要舍弃部分真实感避免发生事故。这次我选择了后者，准备了一个橡胶制成的武器道具，虽然不是真正的武器，但这种特制道具足以以假乱真。

双节棍还可以用塑料制成，但塑料制品太轻会导致使用感并不真实，所以我使用了橡胶道具。如果不小心撞到手臂，也不会造成太大伤害。虽然我准备了钝刀和橡胶刀，但因为刀刃仍然很危险，最终还是使用了橡胶刀。刀片的部分已上漆，使其看起来更像真的刀。无论是正式拍摄还是彩排，拍摄时都要格外小心。

在战斗场景中，通常使用远景拍摄，但尽量使用特写拍摄手持双节棍、把刀击落和痛苦的表情，再通过后期剪辑改善影片节奏。

真刀真枪容易导致演员受伤，要思考更加安全的拍摄方式

双节棍

分镜头1：女主角手持双节棍，中近景。
分镜头2：拿着双节棍的手部特写镜头。
分镜头3：与分镜头1属同一拍摄片段，回到中近景。
分镜头4：用特写镜头拍摄最终姿势。

双节棍与刀

分镜头1：从侧面拍摄对峙着的二人。
分镜头2：女主角取出藏在腰部的双节棍。坏人进攻，挥出刀子。
分镜头3：女主角使用双节棍挡住刀。
分镜头4：接下来，用双节棍挡住刀子从侧面而来的攻击，刀掉落，女主角使用双节棍击中坏人的脸。
分镜头5：女主角挥舞着双节棍。*
*省略了一些挥舞双节棍的镜头。

分镜头6：坏人捂住脸部，继续用刀进行攻击。
分镜头7：女主角的表情特写。
分镜头8：使用双节棍攻击拿着刀的手。
分镜头9：刀掉落，坏人十分痛苦，面部扭曲。
分镜头10：女主角摆好姿势。

第五章

151

76

致命一击

● 在这一节里，将拍摄徒手和棍棒战斗中的致命一击，介绍动作电影中经典的"重复镜头"拍摄技巧。另外，我们还将在相同场景下解说穿帮的效果欠佳镜头。

就动作本身而言，击打速度很快，所以每一次攻击都很短暂。镜头分割得越细，场景的持续时间也越短。因此，要从多个角度进行拍摄并在剪辑时重复地展示"命中"瞬间，这能告诉观众给对手造成很大伤害并且是致命一击。尽管动作重复，但不会产生违和感，反而还能增加攻击动作给人的压迫感。

效果欠佳镜头是指从摄影机的角度"看起来没有击中目标"的镜头。没有命中是肯定的，因为演员并不会真正地打击对方，所以重点是要如何寻找拍摄角度，使其看起来像被击中一样。在效果欠佳的拍摄示例中，我故意展示了没有被击中的镜头。

在分镜头2中，棍子的位置太高，所以棍子看起来只是划过了天空而没有击中面部，而分镜头3与之相反，棍子的位置又太低。为了防止出现这些情况，在确定好摄影机位置后，让女演员缓慢挥动棍子，寻找看起来能击中目标的角度，然后让演员挥动棍子并拍摄。

另一方面，分镜头4是从侧面拍摄的主镜头，但可以看出木棍根本没有打到对方。因为演员不会真的击中对手，所以最好放弃从侧面进行拍摄。看起来仿佛命中目标的最简单方法是将要命中的对象放在前景当中，例如，徒手与棍棒（重复镜头）的分镜头4，在命中的瞬间用脸部或身体遮挡武器。如果在击打时添加声音效果，看起来就会更加真实。

徒手与棍棒（效果欠佳示例）

分镜头1

分镜头2

分镜头3

分镜头4

暴露没有击中的画面导致效果欠佳

分镜头1：这个不是效果欠佳镜头。
分镜头2：（效果欠佳）棒子的位置太高。
分镜头3：（效果欠佳）棒子的位置太低。
分镜头4：（效果欠佳）从正侧面拍摄的话会彻底穿帮。

徒手与棍棒
（重复镜头）

分镜头1
分镜头2
分镜头3
分镜头4
分镜头5
分镜头6

使用3种模式拍摄相同的攻击动作，重复展现

分镜头1：从侧面拍摄对峙着的两人。坏人使用棍子发动攻击。

分镜头2：（重复①）徒手接住棍子，然后将棍子夺过来，攻击坏人。摄影机从右侧拍摄。

分镜头3：（重复②）与分镜头2相同的动作，但角度不同。摄影机从左侧拍摄。

分镜头4：（重复③）从坏人背后拍摄相同的动作。

分镜头5：坏人被打飞，撞到栏杆上。

分镜头6：女主角握住棍子并摆好姿势。

从多个角度重复展现
充满威力的致命一击

第5章

153

77

● 在这里，让我们来看看"真实的表演"和"英雄式的表演"。直到分镜头3为止两段视频中的画面都是共通的：避开攻击、向敌人腹部出拳、对脸部持续出击。只有最后一个分镜头4改变了表演形式。区别在于俯瞰被打败的敌人时，女主角是否仍保持战斗姿势。

一般来说，面对被打败的敌人时，不再摆出战斗姿势比较贴近现实。与之相反，在英雄主义类作品中，主角打败敌人后仍然继续保持战斗姿势。这样的姿势能让主角看起来更酷，但略显刻意，像是特意表演给观众看的。选择哪种拍法取决于作品要求和个人喜好，不同方式给人的印象也会有所不同。

在这里，我想介绍另一个展现动作的小技巧。那就是"暂停"和"展示"每个关键动作（击中对手、踢中对手、抵御攻击等）。

这个技巧不仅仅可用于动作电影，还可以应用于所有的场景中。如果演员普通地表演某个动作，那么摄影师可能无法捕捉到最精彩的瞬间。可以让演员自然地表演，但在关键动作时"暂停并展示"，可以增加作品的节奏感，增强拍摄效果。尤其是在动作场景中，每个动作都非常短暂，如果不暂停展示，不仅摄影机无法捕捉到精彩瞬间，而且观众也难以弄清具体的打斗情况。

以本作品为例，在分镜头1中女主角出拳抵御坏人的攻击时停止了片刻。然后举起坏人右手后也稍作暂停，接着在分镜头2中用拳头连续击打坏人的腹部。摄影机从坏人背后进行拍摄，当坏人在腹部受到拳击时会向后退，这里也需要暂停动作并展现出来，让镜头间的衔接更加清晰。

真实的表演和英雄式的表演

分镜头1

分镜头2

分镜头3

分镜头1：女主角用拳头抵御坏人的攻击。他们的表演具有"暂停"和"展示"的意识。此外，还暂停并展示了抓住坏人手臂的动作。
分镜头2：朝向腹部出拳。
分镜头3：击中坏人的脸。

真实的表演

英雄式的表演

分镜头 4

分镜头 4

最后的动作出现了差异

●真实的表演——分镜头4：两手连续出拳击打坏人，坏人倒下。女主角停止了攻击，不再摆出攻击的姿势。

●英雄式的表演——分镜头4：在连续击打后，女主角酷酷地摆好姿势，蓄势待发。

通过最后一个分镜头的动作差异，
展示出真实的表演和英雄式的表演

第八章

78

隔着铁丝网拍摄

● 在这里，我们将介绍如何充分利用拍摄地点中的事物丰富影片的表现效果。这里利用的是铁丝网围栏和水坑。通过插入"隔着铁丝网拍摄"的镜头，可以增强影片氛围、丰富表现效果。

外景地点是在高速公路下被铁丝网包围的公园。周围有一个废弃的自行车存放区，并且有大水泥柱，充满动作场景的氛围。

首先是分镜头1。巧合的是，拍摄当天地上有一个水坑，可以通过它拍摄上下颠倒的人物倒影，所以我选择了它作为第一个镜头。在外景踩点时并没有这个水坑，这是在当时随机应变作出的灵活判断。

拍摄铁丝网的关键是在网的内部和外部拍摄不同的画面。首先，如分镜头3一样，当从外部隔着铁丝网拍摄时，前景中的铁丝网看起来就像纱布一样覆盖着人物。此外如果添加诸如分镜头4的横向移动手法，则前景中的铁丝网将向侧面流动。如果将构图相似的分镜头6和分镜头7直接连接，则会产生跳跃镜头。

利用铁丝网和水坑等营造决斗氛围

分镜头1：[**在铁丝网内**] 水坑中映出女主角和坏人的倒影。

分镜头2：[**在铁丝网内**] 女主角的特写镜头。在坏人的身影遮挡住镜头时切换到下个分镜头。

分镜头3：[**在铁丝网外**] 坏人的特写镜头。要适当地模糊铁丝网。

分镜头4：[**在铁丝网外**] 手持摄影机平移拍摄两人对峙的镜头。

156

分镜头5：[**在铁丝网内**] 从另一侧拍摄对峙的两人。低角度远景。坏人进攻。

分镜头6：[**在铁丝网内**] 女主角躲避坏人的攻击。坏人和女主角的位置发生交换，坏人在镜头前，女主角在后，女主角回旋踢踢中坏人。

分镜头7：[**在铁丝网外**] 踢中坏人的脸，坏人被打倒，好像粘在前面的铁丝网上似的。

分镜头8：[**在铁丝网内**] 女主角的表情特写。

分镜头9：[**在铁丝网内**] 切换拍摄坏人倒地。

但如果接上坏人被回旋踢踢中、撞到了铁丝网上的画面，画面效果则会十分流畅自然。

在动作场景中经常看到坏人被踢飞后撞到铁丝网上的场景。我们可以先将这个拍摄方法记住，以便日后灵活运用。

在寻找外景时，展开想象利用该地点的物体特征（例如还可以利用楼梯的高低差、斜坡、扶手、护栏等）进行拍摄，能得到各种新奇的灵感。像示例中一样，"以场景为出发点"进行拍摄吧。

79 使用手持设备拍摄逃跑镜头时要将快门速度提高

● 这一节将介绍动作场景中的"逃跑·追逐"并逐个解说各个分镜头,让我们来看看仅使用一台摄影机时的拍摄要点。最重要的是,要事先计划好如何拍摄必要镜头和各个分镜头的剪辑方式。

分镜头1以垂直构图拍摄女主角和坏人朝着摄影机跑来。首先模糊前景中的护栏创造画面深度,并用三脚架固定机位拍摄远景。接下来,把长焦镜头固定在三脚架上,从侧面摇摄跟拍坏人和女主角(分镜头2、分镜头3)。

接着返回正面,使用手持摄影机拉出镜头,持续拍摄直到二人出画(分镜头4)。切换镜头,使用手持摄影机拍摄坏人的主观镜头,追赶着女主角的背影跑上楼梯(分镜头5)。这段视频从固定机位的"平稳画面"开拍,通过手持拍摄使气氛逐渐变得紧张起来,增加场面的真实感。

从奔跑的主观镜头切换回去,拍摄女主角试图从门内侧打开铁丝网围栏的门闩(分镜头6)。这是电影中的常见手法,故意安排障碍让观众紧张起来。为了拍出女主角刚打开门,坏人就追上来的画面,需要事先确定好两人的动作时机再进行拍摄。

在示例中有两种类型,一种是以正常的快门速度1/100秒进行拍摄,另一种是以快门速度1/1200秒进行拍摄。如果用高速快门拍摄快速移动的对象,能消除画面的模糊感,通过连续播放,使画面变得节奏明快、干净利落,增加了场面的速度感。

另外,仅用一台摄影机进行拍摄能够帮助你思考分镜方法,请一定要试试看。

逃跑·追逐

快门速度1/100秒
▲与普通拍摄速度相同,采用1/100秒拍摄的情况。

逃跑·追逐

快门速度1/1200秒
▲快门速度1/1200秒拍摄的示例。减轻人物的模糊感,轮廓变得清晰。

逃跑·追逐 坏人对女主角穷追不舍

分镜头1：女主角逃离坏人。将三脚架固定机位放置在正面拍摄垂直构图，使前景中的护栏模糊。

分镜头2：拍摄坏人追来的镜头。在道路对面使用三脚架摇摄跟拍。

分镜头3：女主角逃跑的镜头。与分镜头2拍摄手法相同。

分镜头4：拍摄二人的正面，摄影机向后跑动拉出镜头。虽然道路狭窄，但还是要让演员越过摄影机，然后出画。

分镜头5：手持摄影机从背后追赶女主角进行拍摄，并一起爬上楼梯。

分镜头6：从铁丝网内部转换镜头，女主角无法顺利打开门闩。这时，后面的坏人也跑进画面中，把握两人的距离，让观众感到紧张。

分镜头7：切换镜头从铁丝网外拍摄远景。在坏人逼近时，女主角踢栅栏的门把他挡了回去。

第5章

159

80

慢动作

●动作场景中经常使用慢动作镜头，它的用途十分广泛。例如，示例中这个一拳挥出并击打对手的瞬间动作，即使将它分为好几个分镜头进行拍摄并剪辑到一起，画面也持续不了几秒。但是，如果把关键动作分解为好几个镜头并加上慢动作效果，就能清晰地表现瞬时动作，并且进一步强调打击力度。

在上一节"逃跑·追逐"中被追赶的女主角进入被铁丝网包围的公园之后，用铁丝网借力高高跃起，对追赶而来的坏人猛地一击。这个场景中就使用了慢动作。在强调每个动作的同时，还要使用一些拍摄技巧。

首先拍摄分镜头2女主角踩着铁丝网并向上跃起的动作。显然，在拍摄时是以正常速度拍摄的，所以动作只持续了一瞬间。可以通过放慢50%的速度观看预览，感受慢镜头的速度并想象与下个镜头的连接方式，因此你可能需要一些时间来适应这种分镜方式。

下一个分镜头3要尽可能地以仰视角度拍摄女主角从高处跳下来并挥出重拳的画面。画面中女主角借助铁丝网的弹力高高跃起。相反，在分镜头4中，摄影机要从女主角的肩膀上越过，以俯瞰视角拍摄出拳和击中敌人的画面。

使用慢动作镜头
表现关键一击

分镜头1：[**正常**]（上个镜头的继续……）当坏人逼近时，女主角踢围栏的门把他挡了回去。

分镜头2：[**慢动作**]女主角以铁丝网作为落脚点，用力向上跳起。

分镜头3：[**慢动作**]跳跃时的半身画面。仰视拍摄，看起来像是从相当高的地方挥拳。

慢动作视频

160

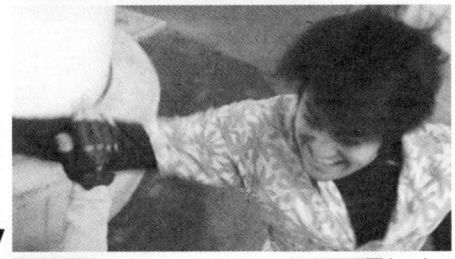

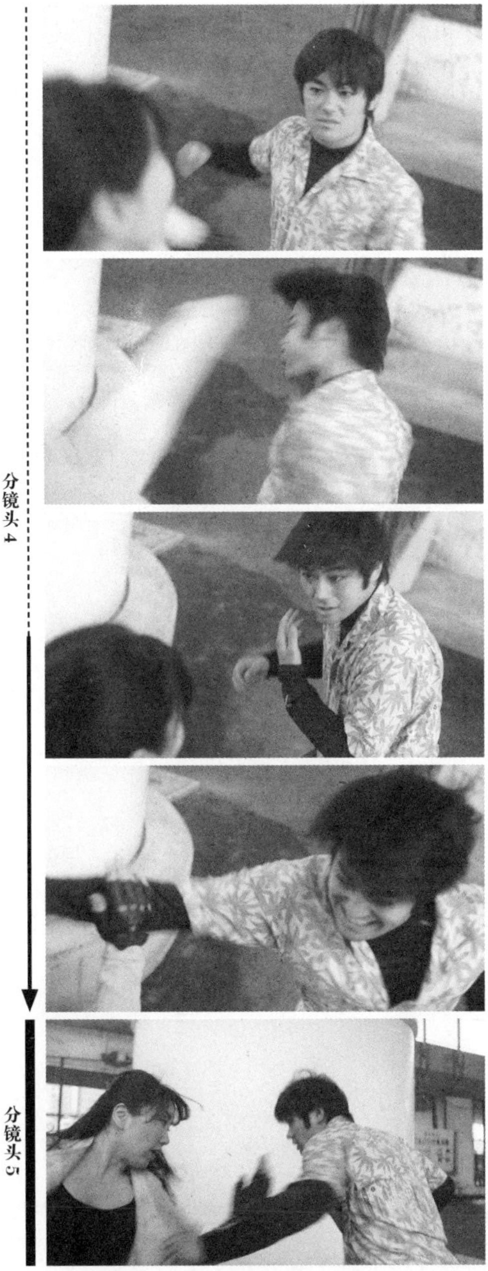

慢动作素材

▲不仅可以将瞬间的动作变得更加戏剧化，还可以拍摄出如同超人般的动作。

分镜头4

分镜头5

分镜头4：[**慢动作~从中途恢复正常**] 切换镜头并越过女主角的肩膀稍微俯瞰拍摄。女主角挥拳并命中坏人。从视频中途取消慢动作，并且以正常速度展现连环击打。

分镜头5：[**正常**] 以正常速度展开进攻和防御。

　　这便是分解动作的意义。如果只进行普通拍摄，则无法拍出超出演员能力和人类极限的画面。但通过分解动作并剪辑镜头，可以表现出如超级英雄般超越了人类身体能力的致命一击，让每个动作都格外精彩，将瞬间动作变成了戏剧性的画面。

　　除了剪辑过的视频，我还准备了剪辑之前的"慢动作素材"，请用作分镜的参考资料。

第5章

81 使用特技摄影拍摄逼真的踢腿和过肩摔

特技

◉ 动作场景中很大一部分镜头是通过特技摄影实现的。例如分镜"致命一击"（请参考第152页）中所述，通过寻找摄影机角度，对打击和踢的动作进行拍摄和剪辑，以使击打和踢的动作看起来更加真实，但实际上并没有击中演员。

但本节所介绍的"特技"，要通过实际击中演员的方式进行拍摄，这是拍摄致命一击时的有效方法。幕后是这样的，让演员双臂套上裤子，双手套上鞋子，拍摄用手踢中面部的特写镜头。为了达到更逼真的效果，敌人角色会在嘴里含住少量水，并在打脸的同时将口中的水喷出。使用慢动作镜头，使敌人看起来好像受到了猛烈一击。

还有一个使用分镜作为特技摄影的技术。在上一节的"慢动作"中，我介绍了如何拍摄借助铁丝网向上跳并从高处向下挥拳，它是通过分解动作并切分为多个镜头，来表现出超出人类身体能力的动作。

在下一个"被甩出去并翻滚"的镜头中，通过分解过肩摔的动作，可以表现出过肩摔这种高难度动作，并展现主角的强大气场。首先，敌方角色会在被甩出去之前跳到女主角的背上，在此进行一次镜头分割。在下一个镜头中朝着甩出去的方向以正向旋转的方式跳跃，摄影师以低角度拍摄甩出去的镜头。通过动作连接进行剪辑，可以表现出女性背着一个与自己体重相差悬殊的男人，然后将其甩出去的动作场景。

分镜头1：[正常] 女主角踢向坏人。

分镜头2：[慢动作] 踢中了坏人的脸。唾液从坏人嘴里喷出。实际上是双臂套上裤子，双手套上鞋子，拍摄击中坏人的场景。坏人嘴里含着一口水。

分镜头3：[正常] 展开进攻和防御。

慢动作视频 ------------▶

实际上是用手套上鞋子并击打

[**幕后**] 分镜头2看起来像是主角高高抬起腿，用力踢向敌人面部。但实际上是将黑色裤子穿在手臂上，双手套上鞋子，按照要求瞄准脸部并准确、安全地拍摄出来的。

被甩出去并翻滚

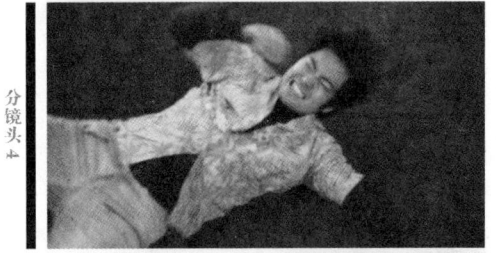

分镜头1

分镜头2

分镜头3

分镜头4

分镜头5

分镜头1：从侧面放大镜头，女主角抓住了坏人的衣服。
分镜头2：从正面进行低角度拍摄，直到女主角背起坏人并甩出去。
分镜头3：切换镜头，从低角度拍摄被甩出去的坏人，坏人要以正向旋转的方式跌倒。
分镜头4：坏人倒向预设位置（摄影机在固定位置上拍摄，等待人物入画）。
分镜头5：女主角将坏人甩出后的表情。

第5章

163

82

越过栅栏·表现出速度感

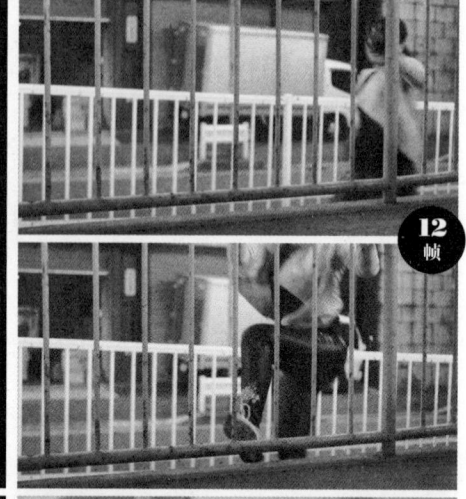

● 在此，我以"越过栅栏"的动作为例，通过精细的分割镜头，来介绍如何拍摄"充满速度感"的视频。如果让你将这个动作进行分镜，你会如何切分呢？画面中除了表演者的动作，还有栅栏的要素，因此可以通过改变拍摄位置来分割镜头，丰富视频的变化。

例如，如果将栅栏这一侧和另一侧的两个镜头相连接（跳过栅栏之前在一侧，而跳过栅栏之后则在另一侧），则分镜方法相对容易。如果将脚踩栅栏以及跳过栅栏这两个镜头相连接，则分镜方法十分简洁。

如果在这个地方深入研究，将其进一步细分为多个分镜头，能够让画面更加具有速度感。比如分解为"朝着栅栏跳起来""将脚踩在栅栏上"和"跳过去"几个动作并使用特写表现。关键是要靠近拍摄动作的"停止"和"流畅"部分。在这里，分别对应着"将脚踩在栅栏上"和"跳过去"的动作。

细化越过栅栏的动作，通过分镜增强画面的速度感

速度感

分镜头1

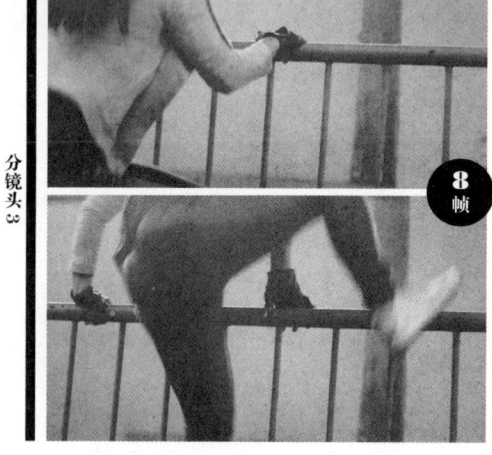

分镜头2　12帧

分镜头3　8帧

分镜头1：女主角从远处跑来。通过全景画面观察到栅栏外有楼梯。如果跳过栅栏，这将是通往楼梯的捷径。

分镜头2：女主角来到栅栏旁，将脚放在栅栏下（12帧，即1/2秒，24p的情况）。

分镜头3：切换镜头，从栅栏的另一侧拍摄，将脚放在栅栏顶部（8帧，即1/3秒）。

由于每个动作都是以帧为单位，因此每个瞬时镜头都小于一秒。但如果连续显示这些镜头，将比两个镜头简单连接的视频更加令人目眩神迷，并且增强了画面的速度感。

在动作场景中细节的连接尤为重要，但拍摄过程却并不简单。一方面由于分镜头的数量要比正常的视频多，所以拍摄时间更长。另一方面，因为必须对快速移动的动作作出反应，所以摄影机的工作和对焦也很困难。此外，如果无法预想剪辑连接后的效果，则在拍摄时很难判断视频是否合格。这些都需要一定的拍摄经验。如果有充足的预算和设备，则可以使用多台摄影机在不同角度拍摄同一个动作。在这种情况下，请注意调整远景摄影机的位置，避免拍入其他摄影机。

由于本书中的内容是仅用一台摄影机拍摄的，因此需要将一段一段拍摄的素材剪辑在一起。虽然所需的拍摄时间更长，但是如果能从多个角度拍摄远景和近景，则在剪辑阶段也会更加容易。

分镜头4：从侧面拍摄女主角脚踩在栅栏顶部（6帧，即1/4秒）。
分镜头5：用脚借力，跳过栅栏的特写画面（20帧，即5/6秒）。
分镜头6：女主角跳过栅栏并奔向楼梯的远景画面。*
*不仅可以提高速度感，而且还可以拍出超出演员能力的动作，因此对于动作场景而言，此分镜是必不可少的。

第6章

实景的分镜

在电影和电视剧中,为了客观地传达出时间的流逝和场所的变化,会拍摄关联场所的风景画面,并将其插入场景之间。这叫"实景",它对于推进故事情节发展是必不可少的。在实景中,有很多象征时间和状态的经典镜头。在拍摄的间隙掌握这些技能吧。

行人和街道

● 在本章中，我们将用几个篇幅介绍串联故事场景的"实景的分镜"。如果仅沿着故事脚本拍摄，场景之间的连接会显得比较生硬。在这种情况下，通过插入实景分镜头能让人感觉到时间和地点的变化，则能将场景自然地衔接起来。要尽早掌握实景分镜头的拍摄方法，记录标志性的风景，让人一眼就能看出场景中的含义。

因此，在本系列中，将有意识地去拍摄那些你似曾相识的标志性画面。一起来看看什么样的场景能引发观众的共同感受吧。

"拥挤的人群"可以通过十字路口来表现，朝着四面八方涌去的人潮就像是流动的海浪。分镜头2是经典镜头。以较低的角度拍摄人行道上来来往往的脚步，它们从前后左右走来并交错而过。分镜头3是使用手持摄影机拍摄的穿越拥挤人行道的主观镜头。

"车站"作为公共交通场所，象征着人来人往。地面与轨道（铁路）之间的高度差，人流与电车擦肩而过，这些场面都十分具有象征性。分镜头2是经典镜头，与电车平行，并在电车开门时立即拍摄下车的人流。分镜头3是电车出发的镜头。

"电车路口"非常适合表现日常生活场景。分镜头3是经典镜头，低角度拍摄车轮从镜头前驶过。电车经过后，可以看到道路的另一侧，接着路闸上升，行人和汽车开始朝着摄影机的方向穿过轨道。

经典镜头能给观众带来共通感受，这里介绍5种常见的场景分镜

十字路口：拥挤的人群

分镜头1

分镜头2

分镜头3

"电车和道路"是城市中最常见的风景。分镜头1，右侧是东京的高楼大厦，左侧是电车行驶而过。分镜头2，从地面仰视拍摄轨道，在轨道下方是车来车往的道路。分镜头3是从不同方向俯瞰拍摄的同一位置。

"夜间公交站"是一个经典的表现人们回家的镜头。分镜由等车、上车、发车三部分组成。以上的所有场景均由经典镜头组成，请将其作为参考。

车站：
来来往往的行人

分镜头 1

分镜头 2

分镜头 3

电车路口：
日常

分镜头 1

分镜头 2

分镜头 3

电车和道路：
城市空间

分镜头 1

分镜头 2

分镜头 3

夜间公交站：
回家的人们

分镜头 1

分镜头 2

分镜头 3

第 6 章

169

84

时间

● 这一节的主题是"时间"。实景分镜通常用在场景开头,表现脚本中所描述的场景变换和时间流逝。这也被称为"定场镜头",说明场景变化时的时间和地点等。在场景之间插入表现时间的实景分镜头,既可以描述当前时间又可以描述时间的流逝。

同样,这一节中也汇集了一些让人"似曾相识"的经典场景分镜。首先是"清晨",通过"乌鸦""朝着车站走去的上班族"和"第一趟电车"这些标志性元素,描绘出清晨的景象。其他类似元素还有"垃圾收集车"和"报纸配送"等。

一段时间后,通过上班高峰期的堵车景象来表现"早晨"的场景。分镜头1的镜头十分讲究,以蓝色调的天空为背景,从天桥上拍摄电线,能看出电线的高度很低,暗示现在的位置处在住宅区。分镜头2俯瞰拍摄拥堵的车道。如果你走上人行天桥,就能发现很棒的俯瞰视角,平时一定要多注意观察。分镜头3回到车道上,拍摄在汽车夹缝中行驶的自行车。

接下来,通过正午的公园景象来表现悠闲的"白天"场景,主要由3个场景组成:在树荫下,一位老人坐在长椅上;老人在看着公园里的鸽子;前景中一位老人正在读书,背景中小孩在和鸽子玩耍。通过孩子们四处奔跑的场景,让画面更加生动。

还可以使用"放学"和"回家途中"的景象来表现"傍晚"的场景。这里拍摄了林荫道上的学生背影、学生们离开学校、学生们前往

如同成群的"乌鸦"代表着"清晨",一样可以从风景中联想到时间

乌鸦与冷清的购物街:清晨

分镜头1

分镜头2

分镜头3

车站的3个分镜头。

最后,用出租车等候点表现"午夜"。首先从等候客人上车的出租车队列开拍,然后从出租车后方拍摄乘客上车,最后切换拍摄出租车出发。由于只有一台摄影机,因此乘坐的出租车和出发的出租车不是同一批车子,但通过剪辑使它们看起来没有差别。要时常牢记这些能代表时间的元素。

通勤风景：早晨

分镜头 1

分镜头 2

分镜头 3

公园里的老人、鸽子、孩子：白天

分镜头 1

分镜头 2

分镜头 3

回家的学生：傍晚

分镜头 1

分镜头 2

分镜头 3

夜间出租车等候点：午夜

分镜头 1

分镜头 2

分镜头 3

第 6 章

171

85 使用自然风光衔接场景转换山、海、天空等的经典分镜

山

分镜头1

分镜头2

分镜头3

● 与上一节的"时间"一样,"自然"主题也常被用作定场镜头,放在转场或影片开头以说明场景的位置和时间。

示例主要由3个分镜头组成,分别是整体远景镜头、内容中景镜头、细节特写镜头。当然,你也可以重新排列分镜头的顺序,从细节开拍到全景结束等,根据场景和创作意图进行更改。

在"山"的分镜头2中,用远景慢慢平移摇摄了森林中的树木。林间的阳光射入镜头,为场景增添了悠然的意境。分镜头3的细节特写也可以透过树木拍摄阳光,但是在这种情况下,不要让太阳完整地进入镜头,可以拍摄树叶和树枝在风中摇曳造成光影闪烁,画面效果十分出彩。

在"河"的分镜中,由于拍摄时间是秋天,所以我把狗尾草放在了前景中。寻找水面能反射阳光的时间和角度进行拍摄,能拍出令人向往的画面。

在"海"的分镜中,采用垂直构图,尽可能与海岸保持平行,则可以从前景中的波浪向画面远处慢慢变焦。海浪拍打的特写镜头是使用三脚架拍摄的,根据海浪的潮起潮落跟随拍摄。

"天空"的全景则是用广角镜头拍摄的,整个视野里都充满了阳光。分镜头3中则使用长焦镜头平移摇摄,云层仿佛画卷一般徐徐展开。

"池塘"是最方便亲近自然的地方,通过池塘表现悠闲的场景。在分镜头2中,跟随拍摄一只鸭子拍打翅膀然后在水面上游走的画面,但是当前景中的另一只鸭子进入镜头时,立刻将焦点转移到前面的鸭子并跟随拍摄。以这种方式切换要跟踪的拍摄对象也是拍摄的一种技巧。

与前面的主题"时间"一样,要在日常生活中多多留意和观察拍摄地点。

自然

河

分镜头 1

分镜头 2

分镜头 3

海

分镜头 1

分镜头 2

分镜头 3

天空

分镜头 1

分镜头 2

分镜头 3

池塘

分镜头 1

分镜头 2

分镜头 3

第八章

第7章

效果欠佳篇：
导致混乱的分镜

剪辑没有绝对，但"越轴拍摄"和"跳跃剪辑"等效果欠佳的剪辑，很容易让观众产生混乱。不过在一些音乐视频中也会故意使用这样的方式来增加艺术感，这符合此类视频的调性，而且观众也能接受。在这一章里，让我们来看看效果欠佳版本和效果很好版本的区别。

轴线①左右颠倒

● 在本章中，我们将介绍视频剪辑的"效果欠佳案例集合"，但首先，让我们先通过具体分镜示例了解"越轴"的含义。简而言之，"轴线"是两个人面对面时视线中虚拟的"线"，如果忽略了轴线进行拍摄，则在剪辑和连接时会发现，应该彼此面对着的两个人的位置互换了，让视频变得十分不自然。

但是最近，好像越轴所产生的不协调感越来越流行，在音乐视频中经常会故意忽略轴线进行拍摄和剪辑。或许有些观众已经习惯了越轴拍摄的画面，并且不会感到不适，但是，在拍摄电影和电视剧时，需要通过轴线来验证剪辑连接。同时这也是拍摄视频的基本技能。

在我们准备的示例场景当中，两个演员彼此面对面交谈。两人坐着交谈时并不会改变位置，但如果在中间插入了越轴拍摄的分镜头，画面中的两个人就好像瞬间移动了一样互换了座位。

通过效果很好版和效果欠佳版的对比，理解"越轴拍摄"导致的镜头效果欠佳

面对面交谈 效果很好版

左侧　　　　　　　　　　　右侧

分镜头1：彩夏　A　优里

分镜头2：B　面向右侧

分镜头3：面向左侧　A

分镜头4：面向右侧　B

分镜头5：面向左侧　A

【效果很好版】
分镜头1：A摄影机位置拍摄的主镜头。
分镜头2：B摄影机拍摄彩夏。面向右侧。
分镜头3：A摄影机拍摄优里。面向左侧。
分镜头4：再次用B摄影机拍摄彩夏。方向还是面向右侧。
分镜头5：A摄影机拍摄优里。方向不变继续面向左侧。

面对面交谈
效果欠佳版

左侧　　　　　　　　　　　右侧

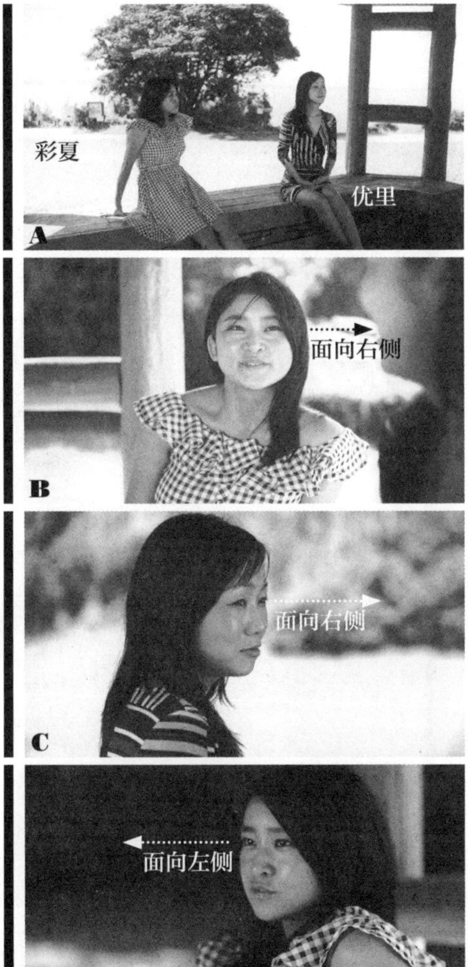

分镜头1　彩夏　优里　**A**

分镜头2　面向右侧　**B**

分镜头3　面向右侧　**C**

分镜头4　面向左侧　**D**

分镜头5　面向左侧　**A**

查看"注意轴线的拍摄示例",即使在对话过程中切换了拍摄方向,两人的位置和朝向也不会改变,与最开始的主镜头位置一致。

但是,在"越轴拍摄示例"中,插入了越轴拍摄的镜头(分镜头3和分镜头4),则破坏了两人之间的位置关系,并且让观众感到不自然。

轴线与摄影机位置

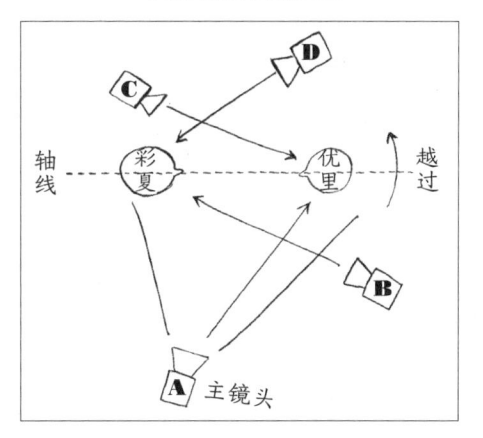

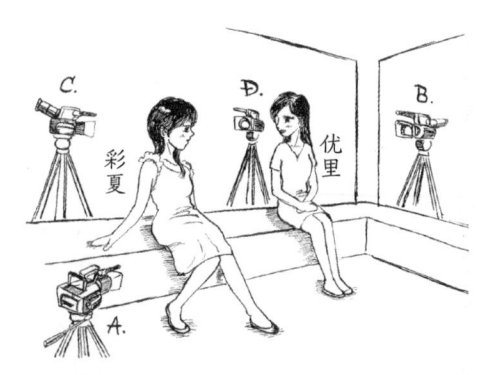

【效果欠佳版】
分镜头1：与效果很好版相同的主镜头。
分镜头2：也与效果很好版相同。使用B摄影机拍摄彩夏。
分镜头3：越轴,从C摄影机的位置拍摄优里时,本应面向左侧的优里,此时面向了右侧。
分镜头4：越轴,从D摄影机的位置拍摄彩夏,面向左侧。
分镜头5：与效果很好版相同。优里面向左侧。

▲在两人的视线中存在一根虚拟的轴线。如果在轴线前方(**A**)拍摄了主镜头,再越过轴线,转换到线的后方位置(**C/D**)进行拍摄,则会让人产生不适感。

第7章

177

87 由于场地限制不得不越轴拍摄时的处理办法

● 在第177页中，我们介绍了越轴拍摄的效果欠佳镜头，这一节让我们来看看与行进方向有关的人物轴线。示例中由于拍摄地点的限制，很容易产生效果欠佳镜头。现场的情形是，演员走在栏杆旁，正在渡过江上的大桥，请边看图边理解。

第一个镜头是在岸边的A位置，那么人物的行进方向就自然地成为轴线。如果要从侧面拍摄下一个镜头并且不越过轴线，则必须在河流当中进行拍摄。但如果将摄影机移动到B位置拍摄，并直接连接上一个镜头时，人物在分镜头1中面朝右侧走在桥上，但在分镜头2中却突然变为面朝左侧行走（看起来像是她不打算过桥，又回头走到了原来的位置）。

此外，接下来的分镜头3为A摄影机画面，分镜头4为B摄影机画面，这样交替进行连接会让人物的朝向来回改变，使观众感到混乱。

像这样被现场环境限制、无法从河中拍摄的情况下，我们要如何越过轴线拍摄而又不使观众感到混乱呢？

轴线②来回交替

过桥 效果很好版

左侧　　　　　　　　　　　　　　右侧

分镜头1 面向右侧 → A

分镜头2 正面（骑轴） C

分镜头3 ← 面向左侧 B

分镜头4 正面（骑轴） C

分镜头5 ← 面向左侧 B

【效果很好版】
分镜头1：从A位置拍摄。朝向右侧的分镜头。
分镜头2：不要突然转到B位置，而是骑在轴线上，从C位置拍摄正面镜头。
分镜头3：此时连接B位置拍摄的画面，就能自然地越过轴线。
分镜头4：从C位置拍摄正面镜头。视线朝向左侧。
分镜头5：从B位置拍摄。右侧→正面→左侧→正面（视线朝左）→左侧，这样拍摄就不会让人产生混乱。

过桥 效果欠佳版

左侧　　　　　　　右侧

分镜头1　A　面向右侧

分镜头2　B　面向左侧

分镜头3　A　面向右侧

分镜头4　B　面向左侧

【效果欠佳版】
- **分镜头1**：从A位置拍摄。人物从画面左侧朝着右侧移动。
- **分镜头2**：从桥上的B位置拍摄，从侧面拍摄特写镜头。由于越过了轴线，所以移动的方向也是相反的。
- **分镜头3**：与分镜头1相同。移动方向再次相反。
- **分镜头4**：从B位置拍摄。移动的方向为右侧→左侧→右侧→左侧，这会令人非常混乱。

有三种方法可以做到这一点：第一种是使用手持拍摄设备或移动摄影车等，边拍摄边越过轴线。围绕着拍摄对象拍摄，并在此过程中越过轴线。第二种是插入与轴线无关的镜头，例如，在分镜头1和分镜头2中插入没有人物（例如天空或河流）的镜头。

最后一种是这里介绍的效果很好版本，这种方法是从轴线上（在本例中为C位置）或轴线附近拍摄人物正面或背面并将其插在分镜头中间。越过轴线时，不要突然越轴而是插入一段重置了位置关系的镜头，如此一来，可以让观众在脑海中重新整理位置关系，避免产生混乱并提升了影片完成度。

第7章

轴线与摄影机位置

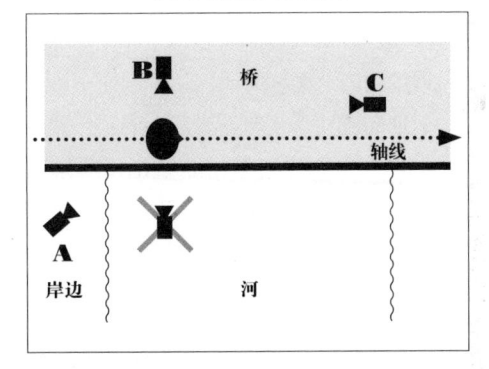

B　桥　C
轴线
A
岸边　河

▲拍摄地点和摄影机位置图。从A位置拍摄时，轴线沿桥的行进方向延伸。如果要从侧面拍摄且不越过轴线，则需要将摄影机放在河中……

179

88

轴线③逆行

● 让我们继续来看看"轴线"。人物在做"行走"或"奔跑"动作时,会在行进方向上生成一条轴线。如果将摄影机拍摄的越轴镜头直接进行连接,就会导致画面中人物的行进方向混乱。因此,如果在拍摄时不注意人物的轴线,则可能会导致后期剪辑困难。

在"注意轴线的拍摄示例"的效果很好版中,拍摄过程中全程没有越过女性前进方向上的轴线。在实际拍摄时,人物从画面左侧面向右侧奔跑,在镜头画面中,也是面向右侧的。

在"忽略轴线的拍摄示例"的效果欠佳版中,第一个镜头是从A位置拍摄的,在下一个镜头中,越轴从E位置进行跑动拍摄,然后又越轴从C位置拍摄人物背影,最后再次越轴,从F位置拉出镜头拍摄脚部。如果直接连接这些素材,每次切换镜头时,就会交替连接向右跑和向左跑的镜头,这样会让观众感到混乱,不明白人物究竟要朝着哪个方向前进。

几年前我曾在公路自行车电影中担任摄影指导,在与导演讨论镜头时,我们决定了拍摄夜间飞驰的自行车,行驶方向基本上是"从画面右侧朝着左侧行驶"。不仅是自行车,也要注意插入镜头中路旁风景的朝向,画面中的风景要从左侧朝着右侧逆向流动。当自行车从右向左行驶时,主角们看到的风景是朝着相反的方向流动的。这里稍微有点混乱,你可以慢慢理解。

注意轴线的拍摄示例 效果很好版

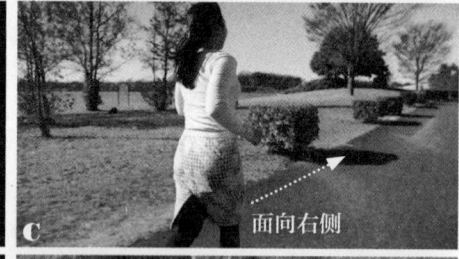

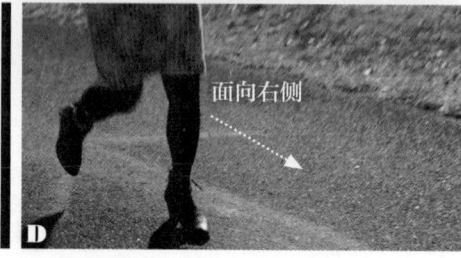

左侧　　　　　　　　　　　　　　　右侧

分镜头1　A　面向右侧

分镜头2　B　面向右侧

分镜头3　C　面向右侧

分镜头4　D　面向右侧

【效果很好版】
分镜头1:从A位置拍摄的主镜头。面向右侧。
分镜头2:从B位置拍摄朝向右侧奔跑的人物近景。
分镜头3:从C位置拍摄奔跑的女性背影。
分镜头4:从D位置朝着右前方拉出镜头,拍摄女性的脚。即使改变角度,画面也是朝着右侧前进。

忽略轴线的拍摄示例
效果欠佳版

左侧　　　　　　　　　　右侧

分镜头1

面向右侧

A

分镜头2

面向左侧

E

分镜头3

面向右侧

C

分镜头4

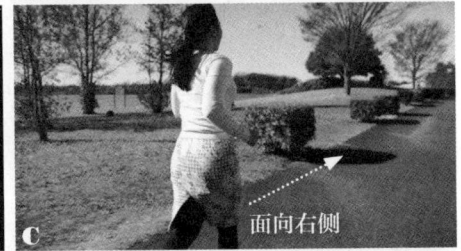

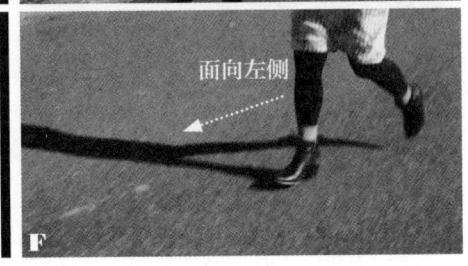

面向左侧

F

为了丰富镜头变化，一不小心越过轴线的拍摄示例

　　根据道路的形状，并非总是从同一侧拍摄，但是在并行拍摄时，希望你能够预想剪辑连接后的效果，注意到人物的行动轴线。

【效果欠佳版】

分镜头1：从A位置拍摄的主镜头。从画面左侧向右侧移动。
分镜头2：越轴，从E位置拍摄近景。人物面向左侧奔跑。
分镜头3：再次越轴，从C位置拍摄背影。
分镜头4：越轴，从F位置拍摄脚部。即使演员一直朝着同一方向奔跑，在屏幕上看起来她却在不停地改变奔跑方向：右侧→左侧→右侧→左侧。

【轴线和摄影机位置】

▼人物的行进方向即是轴线。在跟拍过程中请注意不要越轴。但在拍摄寻人或找东西的场景时，为了表现人物四处寻找的神态，可以故意穿插左右朝向不同的画面，增强拍摄、剪辑的效果。

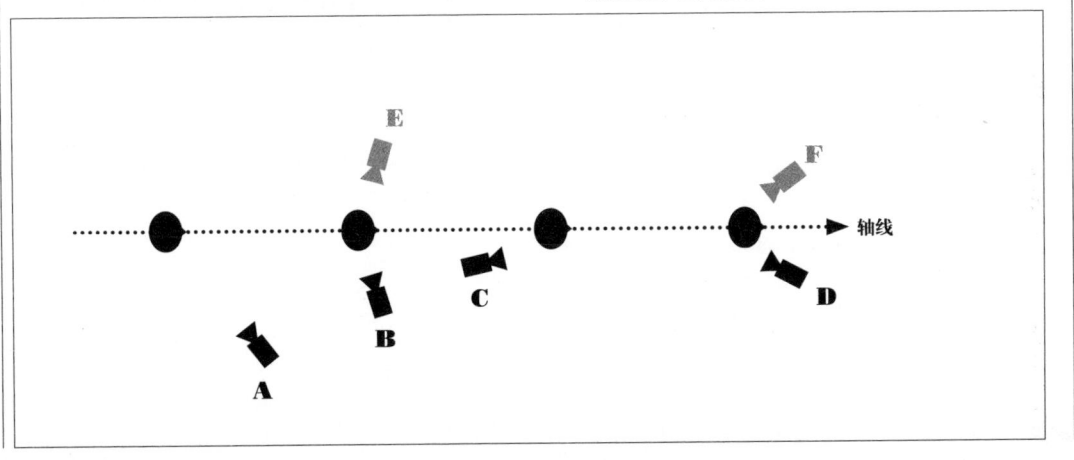

第7章

181

89 轴线④视线不一致

回头的动作比较容易被忽略，使用一台摄影机拍摄时不小心就会混乱

● 即使对于专业摄影师来说，"轴线"也非常复杂。也正因为是专业人士，所以需要在各种情况下拍摄分镜头，在考虑人物"轴线"时，甚至可能要求现场暂停一会儿。简而言之，根据人物A在上一个镜头中面向右侧还是左侧，应将下一个镜头中人物B朝向相反的方向。如果前一个镜头的人物A和下一个镜头的人物B是面对面的，那画面看起来就很自然，但在实际拍摄时往往很难实现。

如果按照场景顺序依次拍摄，还比较容易把握人物轴线。但在拍摄现场往往由于各种限制，需要跳过一些分镜头，集中拍摄一个方向的镜头，然后再切换到另一个方向进行拍摄。并且，如果在拍摄的过程中，出于表演目的，演员需要四处走动或频频回头，此时人物的朝向会更加复杂。如果不事先计划好剪辑衔接和分镜方式，就会在后期剪辑时遇到麻烦。

此次的情景是，夏希从树荫后偷偷观看，发现了坐在长凳上的朋友友里，被叫住的友里回头看夏希。由于两者之间的位置关系，在夏希的视线上会形成一条轴线。

在分镜头1中，夏希从树荫下钻出来，发现友里坐在长凳上。此时，摄影机从图中的A位置拍摄，夏希面向画面右侧。在分镜头2中，友里在长凳上按手机，面向右侧。摄影机从B位置拍摄，拍摄角度接近夏希的视线。在这种情况下，虽然友里没有面对着夏希，但是她们之间有一段距离，因此在连接时不会产生不适感。

回头 效果很好版

左侧　　　　　　　　　　　　　　　右侧

分镜头1：夏希，面向右侧（A位置）
分镜头2：友里，面向右侧（B位置）
分镜头3：远景，面向右侧／面向左侧
分镜头4：友里，面向左侧（B位置）

【效果很好版】
分镜头1：夏希从树荫下偷看，面向右侧（A位置）。
分镜头2：坐着的友里，面向右侧（B位置）。
分镜头3：远景，展现两者之间的位置关系。夏希朝右，友里朝左（C位置）。夏希喊出"友里"。
分镜头4：从B位置（不越过轴线的位置）拍摄，友里转身朝左侧并看向夏希。

回头 效果欠佳版

左侧 — **右侧**

分镜头1：A 面向右侧

分镜头2：B 面向右侧

分镜头3：C 面向右侧 ← 面向左侧

分镜头4：D 面向右侧

分镜头3是远景镜头，显示了两者之间的位置关系。夏希面朝右侧，友里面朝左侧，两人彼此面对面。问题在于分镜头4，友里注意到夏希的视线并回头。如果拍摄时没有越轴，则友里视线朝左回头看夏希，画面非常自然。但如果考虑到背景画面，越轴从D位置进行拍摄的话，则友里看向右侧，这会让人感觉两个人朝着同一方向看，从而产生违和感。

【效果欠佳版】

分镜头1-分镜头3：与效果很好版相同。
分镜头4：如果越轴从D位置拍摄，友里将会看向右侧。虽然背景很漂亮，但会引起观感混乱。

【轴线和摄影机位置】

▼ 在两个人视线上有一条虚拟的轴线。如果从A位置开始拍摄，则不可避免地必须从B位置和C位置拍摄。如果越过轴线从D位置拍摄，则连接镜头时视线的方向会有所不同，引起观众的不适感。

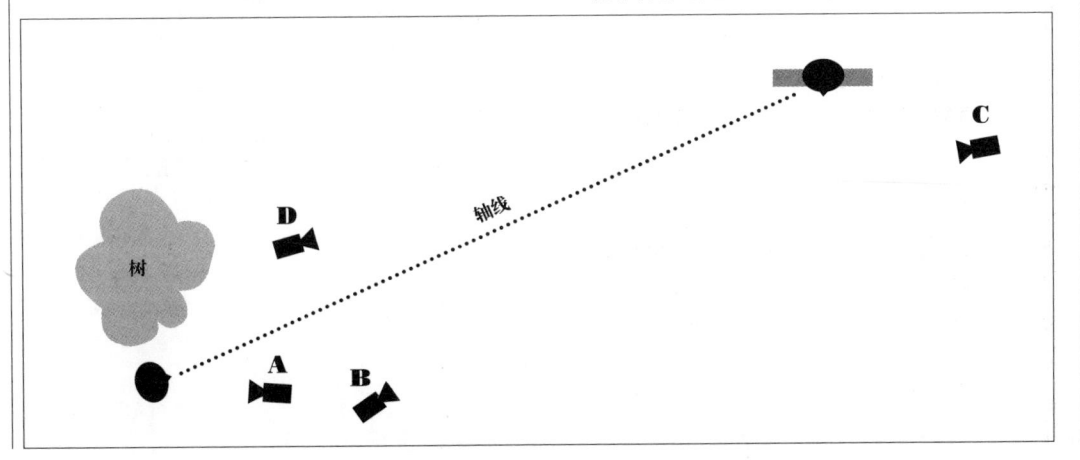

第7章

90 轴线⑤随着表演而变化

● 我们继续介绍"轴线"。在拍摄"转身"的动作时经常会发生"轴线"混乱。上一节讲的也是"转身"动作,但是如果转身的幅度较大,除非摄影师能判断出演员回头时会转向哪个方向(右侧或者左侧),否则很容易拍摄失败。

在本次的拍摄中,即使在拍摄现场没有越过"轴线"进行拍摄,但因为演员的视线方向不正确,也会产生如同"越轴拍摄"般的效果欠佳镜头。这是因为搞错了视线方向,造成了好像越轴似的画面。

为了避免这种情况,导演需要引导演员的视线方向,让演员朝着指定方向表演。将拳头放在摄影机镜头的右侧或左侧,然后请演员看向拳头并进行表演。在此次的拍摄场景中,将拳头放在了右侧,引导演员的视线。

正因为是专业人士,所以更应该引导演员,避免视线混乱

回头的视线 效果很好版

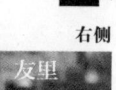

左侧 | 右侧

分镜头1: A 友里
分镜头2: B 夏希 朝向左侧
分镜头3: A 朝向右侧
分镜头4: C

【效果很好版】
分镜头1:从身后追上友里(A位置)。
分镜头2:夏希从友里身后叫住她。此时夏希朝向左侧(B位置)。
分镜头3:工作人员在友里转身时引导视线朝向右侧,则可以不越过轴线(A位置)。
分镜头4:远景(C位置),显示两者之间的位置关系。

回头的视线
效果欠佳版

左侧　　　　　　　　　　　右侧

分镜头1

A

分镜头2

朝向左侧 ←

B

分镜头3

朝向左侧 ←

A

分镜头4

C

【效果欠佳版】

分镜头1、分镜头2、分镜头4：全部与效果很好版相同。
分镜头3：即使是从不越过轴线的A位置拍摄，如果弄错了演员的视线落点，画面中演员还是会看向左侧。此时，产生了一条意外的轴线，结果即使是在A位置拍摄，画面中依然越过了轴线。

即使是在与另一方互动的场景中，引导也是很有必要的。如果拍摄的是越肩场景则问题不大，但在无须拍摄另一方时，一般会让搭档演员稍微休息一下。你也可以让搭档演员站在视线方向上，但因为摄影师和照明设备都需要入场，搭档演员可能都没有地方站立，因此最终还是需要进行视线引导。

工作人员引导视线的位置

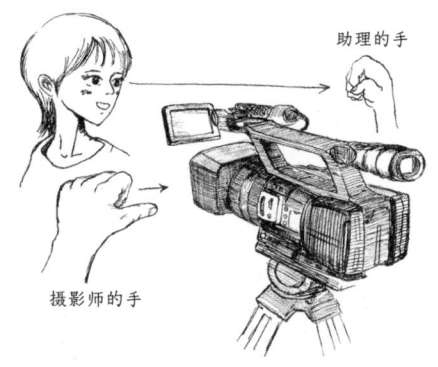

助理的手

摄影师的手

▲例如，想要让演员朝向右侧时，使用大拇指指向右侧，助理握拳引导演员视线。

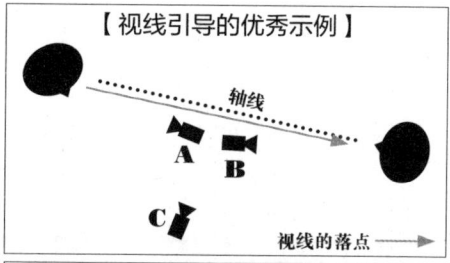

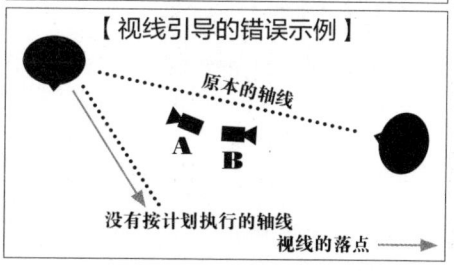

【视线引导的优秀示例】

轴线

A　B

C

视线的落点 →

【视线引导的错误示例】

原本的轴线

A　B

没有按计划执行的轴线

视线的落点 →

第7章

91 跳跃剪辑

使用插入镜头解释人物离开，避免跳跃剪辑似的突然消失

● "跳跃剪辑"被认为是不合格的剪辑方式。当切换镜头时，会导致拍摄对象突然消失或出现。如果前后两个镜头中，同一拍摄对象分别处在不同地点，则看起来就好像产生了瞬间移动。如果在科幻作品中故意表现瞬间移动则没有问题，或者在音乐视频当中使用跳跃剪辑也会使人印象深刻，但是如果在普通作品中使用跳跃剪辑，只会让人感到不自然，这种剪辑方法对于普通场景是效果欠佳的。

如果把特写镜头夹在两个镜头之间，就可以轻松避免跳跃剪辑，让作品连接自然顺畅，我们一起来看看吧。

在示例①中，当切换到相同机位拍摄的下一组镜头时，右边的女性突然消失了。通过插入女性因为接到电话，所以先行离开的画面，避免了跳跃剪辑，让画面变得自然流畅。

示例②也是使用相同机位拍摄了分镜头，如果直接连接两个分镜头，看起来就像是人物瞬间移动到了长椅右侧。通过插入人物在看着手机的同时从长凳上站起来、从左边移动到右边的镜头，就可以消除这种跳跃剪辑。

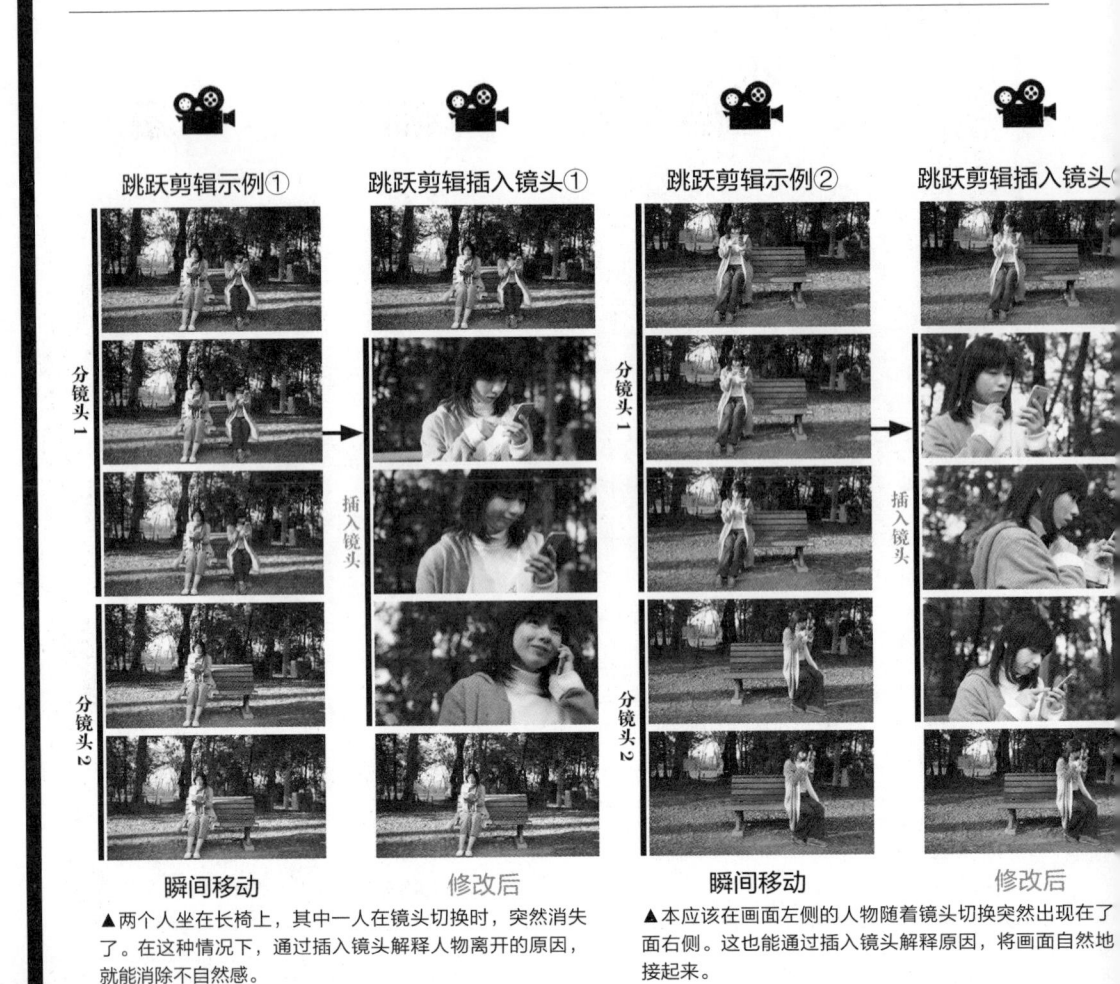

跳跃剪辑示例①	跳跃剪辑插入镜头①	跳跃剪辑示例②	跳跃剪辑插入镜头②
分镜头1	插入镜头	分镜头1	插入镜头
分镜头2		分镜头2	
瞬间移动	修改后	瞬间移动	修改后

▲两个人坐在长椅上，其中一人在镜头切换时，突然消失了。在这种情况下，通过插入镜头解释人物离开的原因，就能消除不自然感。

▲本应该在画面左侧的人物随着镜头切换突然出现在了面右侧。这也能通过插入镜头解释原因，将画面自然地接起来。

在示例③中，女性在公交车站等车时，身后突然出现另一个人。通过拍摄女性的脚和另一个女性的脚进入镜头的画面，就可以自然地连接起来。

在示例④中，女性在人行道上行走，接着瞬间移动到公园里。当连接分镜头1和分镜头2时，由于画面构图相同，而背景却完全不同，从而产生了这种诡异的画面。在这种情况下，我们不要从相同的角度拍摄分镜头2，而是要从没有人物的风景中向下摇摄，捕捉正在行走的人物（这种拍摄技巧被称为"运动镜头"）。如果这样拍摄，观众能自行想象到人物已移动到另一个地方，因此看起来很自然。

运动镜头的开始位置基本上可以是任何地方，只要不拍入拍摄对象即可。从天空平移称为"向下摇摄"，也是最简单的方法。在拍摄纪录片等视频时，拍摄地点时常会发生改变，此时这种运动镜头转场的方式非常方便，学会使用运动镜头能有效避免剪辑过程中的跳跃剪辑。

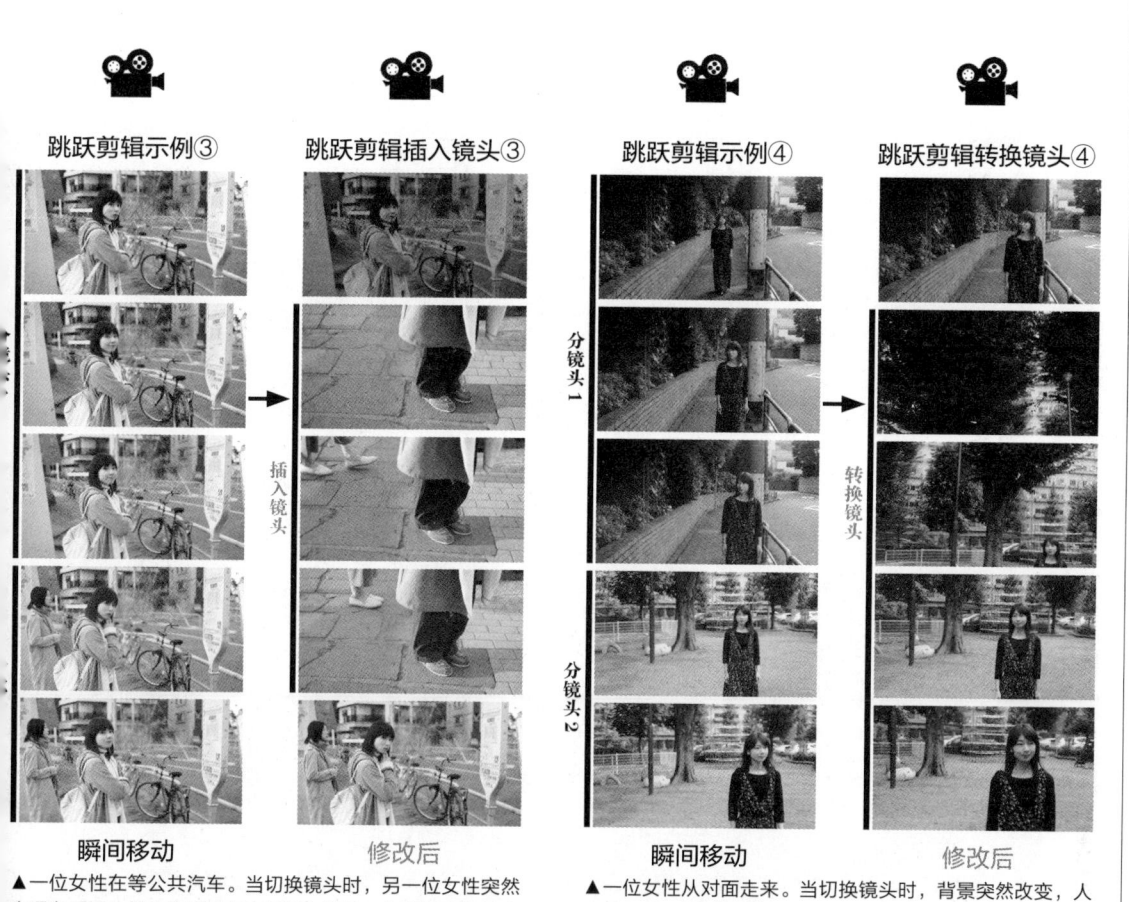

跳跃剪辑示例③ → **跳跃剪辑插入镜头③**（插入镜头）

跳跃剪辑示例④（分镜头1、分镜头2） → **跳跃剪辑转换镜头④**（转换镜头）

瞬间移动　　　　修改后　　　　　　　瞬间移动　　　　修改后

▲一位女性在等公共汽车。当切换镜头时，另一位女性突然出现在后面。解决方案是在中间插入镜头，在拍摄人物的脚时，另一位女性的脚从后方入画。

▲一位女性从对面走来。当切换镜头时，背景突然改变，人物看起来好像瞬间移动了。在移动地点拍摄分镜头2时，如果从公园的树木（或天空等）处拍摄移动镜头，就能自然地连接起来。

第4章

92

● 接下来我们对"构图不变"的结果欠佳示例进行讲解。在常规的镜头剪辑中,如果前后镜头的构图相同,就很容易导致跳跃剪辑,并且时间也仿佛往前跃进了(请参考第186页),这是最容易导致效果欠佳的原因。但是这一节,让我们来看看连接镜头时"构图不变所导致的视频枯燥效果欠佳示例",进行重点讲解。

在"构图不变"的效果欠佳示例中,我从正面、右侧、左侧各拍摄了两组中景镜头,然后通过剪辑将它们连接起来。正如视频中所看到的那样,虽然算不上完全的效果欠佳,但是画面十分单调,无法有效传递对话中的情感。在这种情况下,还不如不切换镜头,使用一个长镜头更能让观众集中注意力。

效果欠佳示例中不仅画面杂乱,而且还丧失了分镜的意义

构图不变

构图不变 效果欠佳示例

分镜头1

分镜头2

分镜头3

分镜头4

分镜头5

【效果欠佳版】
分镜头1:从正面拍摄两组中景画面。
分镜头2:从右侧拍摄两组中景画面。
分镜头3:从左侧拍摄两组中景画面。
分镜头4:从右侧拍摄两组中景画面(与分镜头2属同一拍摄片段)。
分镜头5:从正面拍摄两组中景画面(与分镜头1属同一拍摄片段)。

改变构图增强戏剧性效果很好示例

分镜头1

分镜头2

彩夏

分镜头3

分镜头4

优里

分镜头5

接下来，我剪辑了以不同构图拍摄的同一场景的素材，作为"改变构图增强戏剧性"的效果很好示例进行讲解。分镜头1相同，但是从分镜头2开始，拍摄方式完全不同。并不只是简单地插入特写镜头，而且调整了切换镜头的时机和拍摄角度，并在前景中加入人物，可以让观众感觉到两个人之间的距离，更容易代入角色情感。

特别是在示例的末尾，分镜头4的彩夏在说完"室田（Muroda）也去世了啊……"这句台词后，展现出优里的特写镜头（分镜头5），通过强调表情的细微变化，可以更好地表现出优里复杂的心情。

再回来与不改变构图的拍摄示例相比，是否感觉差异更大了呢？顺带一提，切换镜头的时机发生了改变，所以台词中断的时机也产生了微妙的变化，请注意观察两者的区别。

最后我还想指出，更改画面构图更方便拍摄和剪辑。如果只用一台摄影机拍摄这样的对话场景，则每次切换拍摄角度时都必须重复相同的表演。在这种情况下，如果改变了构图方式，即使重复的表演略有差异，也不容易产生跳跃剪辑。

【效果很好版】
分镜头1：从正面拍摄中景（与效果欠佳版相同）。
分镜头2：从正面拍摄彩夏的近景。
分镜头3：镜头从右侧越过近处的优里拍摄彩夏的特写镜头。
分镜头4：镜头从左侧越过彩夏进行拍摄。
分镜头5：从左侧放大镜头拍摄优里的特写。直到这里才第一次拍摄优里的特写镜头，强调了人物的表情。

第7章

第 8 章

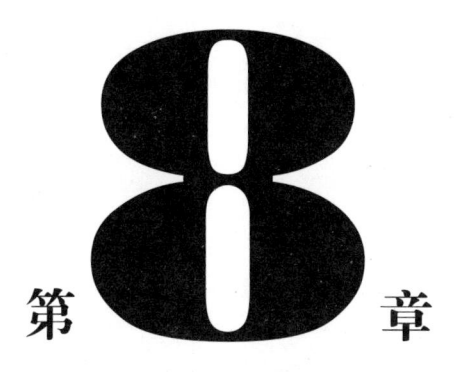

实践篇：
从脚本中读取分镜

在最后一章中，以我曾导演的短篇电影《彩——粉红色交换日记》为例，作为实践内容来讲解基于脚本的分镜示例，以及拍摄和剪辑的要点。在有脚本的电视剧或电影当中，会根据导演的想法以及故事的流程来更改分镜方式。希望通过本章的介绍，能让大家体会到这一点。

首先请观看全片。
短篇电影《彩——粉红色交换日记》（8分58秒）

可以根据导演的创作意图灵活使用长镜头

● 在本章中,我使用了《彩——粉红色交换日记》的剧本,这是女演员井关友香的宣传视频,并且由我完成了全剧的草稿、脚本、拍摄和剪辑。让我们通过比较脚本内容、拍摄现场、拍摄素材、编辑过程,来介绍如何将故事脚本中的文字转化为具体影片。

最初的一幕为"樱花长廊"。脚本中写的是"樱花树下""友香沿着樱花长廊走来"和"她慢慢地欣赏樱花,手里拿着一个大信封"。在原创剧本中,导演在写脚本时,脑海中会自然地浮现出当时的场景和分镜画面,因此原创剧本中常会出现"脚本=分镜"的情况。

第一个镜头和插入镜头都是"樱花树"。到达现场准备摄影机的同时,演员更换服装并准备化妆。在这段准备时间里,可以用来拍摄实景画面。因为"樱花树"将作为第一个镜头出现,所以要选择一个令人印象深刻的画面进行拍摄。

在拍摄标题背景中的樱花镜头时,我考虑将标题放置在樱花之间的空白处。顺带解释一下,我在剪辑时没有给外围另外添加减光效果。只是因为那天所使用的转接环上带有光圈调节功能,如果光圈间隙太小则画面四周便会出现黑边。这原本是个效果欠佳镜头,但意外地适合用在此处,于是我原样保留了这个素材用作标题背景。

拍摄实景镜头时,建议拍摄时默数15秒到20秒的时间,以便在这些预留的实景镜头中插入标题、旁白等。

第二个镜头是女主角友香登场。为了增强印象,我使用了长镜头拍摄。因为是长镜头远景,所以可以看到前后方的行人、自行车、道路以及来往的车辆。在樱花盛开的时节,我特意挑选了人流量较小的上午时段进行拍摄,加上预留镜头,整段视频的时长超过了一分钟。因为没有阻拦行人,我花了两个小时才拍摄完成。

接下来的镜头是"友香沿着樱花长廊走来""她慢慢地欣赏樱花,手里拿着一个大信封",在撰写脚本的阶段,写了要以"装了交换日记的大信封"为拍摄重点。在拍摄时,使用75—300mm的长焦镜头跟随拍摄女演员走近,演员看着信封,然后温柔地抱着信封朝着镜头走来。

在拍摄"她慢慢地欣赏樱花,手里拿着一个大信封"时,我十分纠结,这里是要插入特写镜头?还是拍摄一个长镜头?由于拍摄没有绝对正确的答案,我认为两者都有可取之处。最终,我决定使用长镜头,来看看具体是如何传达给观众的吧。

拍摄标题背景画面时要预留出文字位置

▲利用准备时间(例如演员化妆时)拍摄现场实景画面用作标题背景等。如果在拍摄时预留出放置标题的位置,则在剪辑时会更加顺利。

友香沿着樱花长廊散步

友香沿着樱花长廊散步（1个长镜头）

是否需要将特写镜头插入令人印象深刻的长镜头当中呢？

友香沿着樱花长廊散步（插入特写镜头）

分镜头1

插入镜头

在这里插入

▲如果要插入一个特写镜头，就需要把长镜头从中间切分为两个镜头。包括插入镜头，整个视频就被分成了三个镜头。这是一种常见的剪辑方法，但你要判断这种剪辑方法是否适合用在这个场景当中，要根据情况区别使用。

▲女主角从樱花盛开的树下缓缓走来。大约1分钟的长镜头令观众印象深刻，适合用在影片开头。

第8章

94

友香坐在湖畔公园的长凳上

● 故事开头一分多钟的长镜头结束后，在分镜头1的樱花特写画面中插入旁白。在脚本中，原本写着旁白之前的画面是"友香坐在湖畔公园的长凳上"。在标题出现后，本来可以直接切换到友香坐在长凳上的画面，但是由于凉亭就是故事发生的主要场景，所以我格外重视这部分的连接方式，最终拍摄了友香如何走来并在凉亭中坐下的全过程。

分镜头2，在凉亭前提前架好摄影机拍摄友香入画。看素材可知这里拍摄了两个片段。在片段1中，聚焦在凉亭当中并拍摄人物走进凉亭，尽管第一次拍摄成功了，但我总感觉没有达到想要的效果。片段1本身并不是效果特别不好，但也并不令人印象深刻。前面好不容易拍摄了一个令人印象深刻的长镜头，但接下来的这个画面还是欠缺一些感觉。

原因就在于演员的入画角度。在片段2中，我要求演员入画时要更加靠近摄影机，并指示她以锐角度进入画幅，然后重新拍摄了片段2。此外，我将焦点放置在演员进场位置的旁边而不是凉亭，当演员进场后立即追踪拍摄。

通过比较片段1和片段2可以看出，当入画角度改变时，演员的身影大小也会改变，带给观众的印象也会随之改变。

分镜头3以更近的距离特写拍摄坐在凉亭长凳上的友香。从空背景入画的拍摄方式很方便进行剪辑连接，因为空背景与之前镜头的动作无关，但要控制好空背景的"停顿时间"。

这是一个非常感性的部分，因人而异，没有统一标准，但合适的"停顿时间"能让影片显得自然流畅。通过查看编

友香坐在湖畔公园的长凳上（完成版）

分镜头1

分镜头2

分镜头3

分镜头4

分镜头5

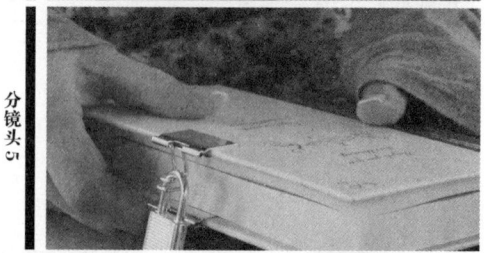

分镜头6

友香坐在湖畔公园的长凳上（要点1）

片段1

片段2

焦点固定在凉亭上

在片段1中，焦点位置固定在凉亭上，而女演员从稍微远离摄影机的位置向凉亭走去。这是一种经典的拍摄方式，人物最后逐渐对上焦点，但总感觉缺少点什么。

改变进入画面的角度和焦点位置

在片段2中，将焦点放在画面靠前的位置，然后在该位置跟随演员移动。此外，让演员紧挨着摄影机的侧面入画，因此身影也随之变大。完成版使用了这个片段。

辑素材你就能发现，空背景的"停顿时间"过长或过短，都会让观众觉得不自然。

在分镜头5的拍摄中，拍摄了解锁日记后打开的动作，但在翻页的时候动作卡顿了一下。所以我剪掉了动作卡顿的部分，将它与"预留镜头"分镜头6的翻页动作进行连接。就像这样，为了在剪辑过程中自然地连接动作，通常需要让演员表演出拍摄动作前后的一段动作，多录制一部分预留镜头。

友香坐在湖畔公园的长凳上（要点2）

让演员表演出拍摄动作前后的动作，拍摄"预留镜头"。这样在剪辑时更容易找到合适的剪辑位置。

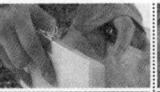

预留镜头 | 使用视频　　分镜头5

分镜头6　使用视频 | 剪辑点 | 预留镜头

第8章

195

95

友香开始阅读日记

通过分镜吸引观众的注意力，让朗读的场景不再枯燥无味

● 从这里开始由友香的旁白变为剧中的朗读场景。在现实生活中独自一人阅读一本书或一封书信时，一般都会默读，但是在阅读场景中，我故意让演员出声朗读，以便观众能够听到并理解文字内容。在这部作品中，以阅读日记的场景来表现主角友香和之后登场的好朋友之间的关系。

在这个场景中，要如何表现单调的"朗读"动作呢？这个动作不仅时间长，而且演员基本保持静止，如果拍得不好，整个"朗读"过程就会显得既枯燥又漫长。不妨试试通过分镜变化来丰富场景表现。

具体来说，在拍摄的同时改变远景、中景、特写以及远距离或近距离的拍摄构图，再加上拍摄角度和背景的变化，然后以自己的方式进行连接。此次的拍摄作品由4个分镜头组成。通过附赠视频可以观看剪辑后的"完成版"，以及按拍摄顺序连接的拍摄"素材"。请参考我是怎样剪辑的，边看视频边理解分镜方式吧。

分镜头1是友香开始在湖畔读日记，使用远距离的中景构图。在读完一段后，切换为分镜头2的近距离近景构图。严格来说，拍摄特写画面时，最好让女演员统一朝向。像此次这样的连接方式被称为"构图颠倒（相反）"。换句话说，主画面中人物面向右侧，但在下一个镜头中却又朝向左侧，可能会导致画面不够自然。

友香开始阅读日记（完成版）

分镜头1

分镜头2

插入镜头 分镜头3

分镜头4

分镜头5（分镜头3的延续）

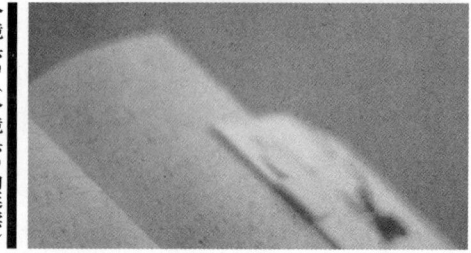

阅读交换日记的分镜

在阅读场景中，通常根据文章断句或台词内容进行剪接，这样的衔接方式最简单也最安全。同时，这个分镜技巧也适用于长台词场景。

但这一次为了剧情发展，需要向观众展示友香身后是一个人很少的公园，所以故意连接了分镜头2。

然后，在分镜头3中插入了交换日记的特写画面，并与友香打开日记阅读时的表情分镜头4进行连接。分镜头5是分镜头3日记特写镜头的延续。

接下来，是捡起滑落到长凳下的便签的场景。这也被分解成4个分镜头。分镜头6仰视拍摄友香发现了便签。分镜头7是友香发现脚下的便签于是伸手拿起。分镜头8是捡起便签后，仰视拍摄友香仔细查看的动作，这是分镜头6的延续。最后，拍摄便签的特写镜头并慢慢打开便签……

需要通过实际尝试来找到分镜头7的最佳插入位置。

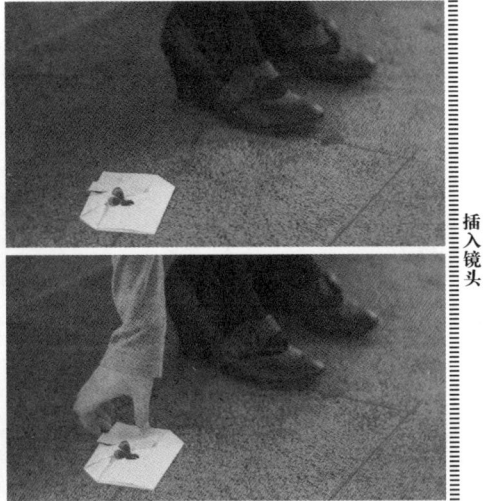

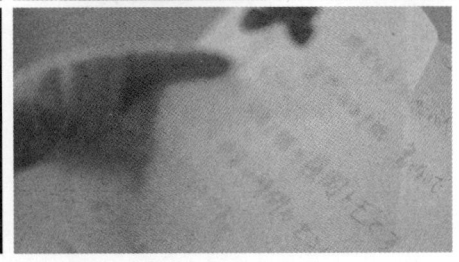

捡起掉落的便签的分镜

分镜头6是"友香发现掉落的便签"，目的是表现出"便签掉落后"的人物表情。出于这个原因，在拍摄预留镜头时，我并没有把便签放在女演员打开的日记里。预留镜头不一定必须是前面镜头的情景再现。

友香开始阅读日记（素材）
剪辑素材请观看视频

96

为什么要在用三脚架拍摄的视频中插入手持拍摄的画面？

● 各位读者，你们是如何分辨使用三脚架和手持拍摄的呢？使用三脚架拍摄的画面更加稳定可靠。而手持拍摄的抖动画面则更能表现出现场感。为了正确表现画面的含义，在应该使用三脚架的地方使用三脚架，在应该使用手持拍摄的地方用手持拍摄……但是如果时间紧迫，无法架设三脚架（例如未获得拍摄许可的情况等），那么只能使用手持拍摄。

使用三脚架需要一些技巧，如果不习惯升降三脚架，则无法对拍摄作出快速反应。很多新手摄影师最初的工作只是为高级摄影师扛三脚架、调节高度和设置水平。我也经历过这样的阶段。

那么接下来是这一节的重点：如何使用"插入镜头"。首先来看从三脚架拍摄切换到手持拍摄的示例。最近有人问我"突然从使用三脚架拍摄的镜头切换到手持拍摄时，是否会显得不自然？"这个问题的答案就在本示例中，让我们一起来看看吧。

到目前为止，视频中的画面一直都是用三脚架来拍摄的。直到继续阅读日记的分镜头2，都是使用三脚架进行的固定拍摄。之后在分镜头3中的"我决定亲自带过去！"这里切换为手持拍摄，插入检查信封的"主观镜头"。

从友香身后伸出一双手……（完成版）

从友香身后伸出一双手

分镜头1

分镜头2

插入镜头（手持拍摄） 分镜头3

分镜头4

通过插入手持拍摄的镜头表达人物感情
到目前为止，这个故事都是用三脚架拍摄的。在分镜头3中第一次切换到手持拍摄，作为友香的主观镜头。

198

友香这时才注意到这个信封上没有邮票和邮戳。此时需要表现人物内心的惊讶，因此不但不会产生违和感，反而能营造出一种现场感。如果在三脚架上拍摄，画面会显得十分客观，并且无法充分表现出友香的疑惑和惊讶。与没有插入镜头的分镜剪辑对比，更能感觉出它们的不同。

使用插入镜头的第二个示例是"智（Tomo/ym）从友香的身后伸出双手……"分镜头5从正面远距离拍摄友香的近景，让寄信人隐藏在友香的身后准备拍摄分镜头5、分镜头7。

在这里插入人物侧面的分镜头6（分镜头4的延续）。即使没有插入镜头，影片也可以成立，但是通过插入此镜头，会稍微延长画面的"停顿时间"，引起观众的好奇心。通过插入画面增强了表现效果。

分镜头5

分镜头6（分镜头4的延续）

插入镜头

分镜头7（分镜头5的延续）

分镜头8

即使没有插入镜头也能成立，但插入效果更好
虽然分镜头6插入镜头的时间很短，但能更加强调"伸手"的动作。

从友香身后伸出一双手……
（没有插入镜头的情况）
请观看视频

第 8 章

199

97

使用主镜头与单镜头重复拍摄，方便剪辑时选用合适的画面

● 这部作品中有友香和智两个角色。如果只有一个登场人物，只要简单地跟随拍摄这个人的动作，就能做成一个完整的视频。在本书中，也有许多只有一个登场人物的拍摄示例，但是随着演员数量的增加，拍摄机位和拍摄角度也随之增加，并且剪辑中的连接也变得更加复杂。仅仅增加了一个人，难度却成倍增加。

在上一页中，随着最好的朋友智的出现，从现在开始要用"镜头切换"的技巧来记录两人之间的对话。当涉及大场景时，将使用两到三台摄影机同时从多角度拍摄，分别拍摄同一片段的主镜头（从场景的基本位置拍摄）和每个演员的单镜头等多个镜头。

这种拍摄方法的优点是能够缩短拍摄时间，但缺点是必须调整好各个摄影机的位置，防止拍入其他摄影机或照明设备。我个人比较喜欢用一台摄影机拍摄，因为如果只用一台摄影机拍摄，可以仔细确认每个镜头的画幅和拍摄角度。但是对于一些动作场景和破坏性场景，最好同时使用多台摄影机拍摄。除此之外，我还是坚持使用一台摄影机进行拍摄。

这次的主题是"两个人相视而笑"。上面提到的主镜头从侧面拍摄了两人的对话场景（分镜头1）。虽然每位导演都有自己的拍摄方式，但一般都会使用主镜头拍摄一段较长的长镜头，然后再朝着每位演员的脸部单独拍摄（单镜头）。这个方法的好处在于，如果主镜头拍摄完成，但单镜头在拍摄过程中

两个人相视而笑

两个人相视而笑（完成版）

分镜头1（主镜头）

分镜头2（友香镜头）

友香：『叮我一跳，你可真是的──』
智：『我们有多少年没见啦？十年？二十年？』
友香：『肯定没有二十年啊，我们才多少岁呀！』
智：『但是你真的吓了我一跳。你可别再吓我了啊！』（*）

友香：『但是你真的吓了我一跳。你可别再吓我了啊！』
智：『那可不行，我就是专程来吓你的。』
友香：『什么?!你还有什么事没说？』

200

分镜头3（主镜头）

智：「那可不行，我就是专程来吓你的。」
友香：「什么?!你还有什么事没说？」

分镜头4（戒指特写）

智：「那是……秘……密……」
智将左手食指放到嘴唇边，做出「嘘」的动作。
智左手无名指上的戒指闪闪发光。

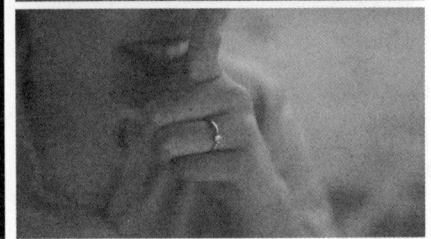

***粗体字部分**是台词重叠的部分，这部分镜头在剪辑时已被剪切掉。

出现效果欠佳，此时还能切回主镜头画面。

　　但是这种方法也有一个缺点，因为有可能在切换镜头的时候，演员的对话和其他声音重叠在一起，或者演员有很多即兴表演，所以会导致剪辑时连接困难，因此一定要多加注意。这次的对话中有好几处都被笑声覆盖了，这几处的连接十分困难。

　　从"素材"的分镜头1中可以看出，主镜头的时长并不长，只是让演员多说了一句台词作为预留镜头。分镜头2是友香的"但是你真的吓了我一跳……什么?！你还有什么事没说？"这里拍摄了友香的单镜头。在接下来的分镜头3中，摄影机对准智的表情，并且让她重复进行了对话。

　　分镜头4，智说"那是……秘……密……"，特写拍摄智左手无名指上的订婚戒指来暗示答案。

　　双人场景是学习"镜头切换"最好的练习材料，请多多进行尝试。

两个人相视而笑（素材）

分镜头1是主镜头。分镜头2、3、4是演员的单镜头。根据导演的安排，主镜头可能会进一步延长。在这种情况下，演员的单镜头也可能一样都是长镜头。

第8章

两人对话时的场景分镜

在双人场景当中，无须一直对着说话人进行拍摄

◉让我们来看看对话场景中的分镜。拍摄剧本由"动作"和"台词"两个元素组成。"动作"描述角色此时的行动，演员执行动作，摄影机进行拍摄，例如"友香紧紧握住智的左手"。当然也要结合场景的前后关联，但是只需要拍摄出友香紧紧握住智左手的镜头即可。

现在开始进入这一节的主题。紧握住左手后，剧本中的对话继续进行，但却没有描写其他动作。在这种情况下，应该如何拍摄对话的分镜头呢？最简单的做法是，拍摄正在说台词的演员并按照每句台词来切换镜头和连接画面。但是，这样来回地切换镜头真的能够传达出角色的心情和感觉吗？分镜方式也在一定程度上反映了导演的能力。

分镜头1到分镜头3没有收录在书中，因此请观看"完成版"视频。分镜头1友香说"啊……这是？这？这难道是那个？！"拍摄友香的表情。分镜头2，智说"对呀！就是那个！"拍摄智的表情。分镜头3是分镜头1同一拍摄片段的后续部分，友香显得十分开心，在剪辑时作为插入镜头插入到影片当中。

接下来是这一节的重点。分镜头4侧面的两组镜头是主镜头。友香说："你是认真的吗？"智说："当然，真的是认真的！"（中略），智说："小孩，在这里……"到此为止都是主镜头画面。实际上，我也拍摄了友香的单镜头，但在剪辑时却没有使用，原因是我想从主镜头的侧面位置展现出智后退的动作。在"素材"版本中我还用友香的单镜头进行了剪辑。

分镜头5是从智的"等一下，不要一次问我这么多问题。"开始拍摄的，但如果用这句台词与上一个镜头进行连接，场景会显得不够自然，所以我在分镜头4结束时插入了智腹部的特写。背景音是友香的"诶！？"

*

导演一般在拍摄前在剧本中写出分镜和拍摄计划，然后将当日的分镜脚本副本分发给工作人员（主要是导演助理和摄影师）。在拍摄前（前一天），我也会事先做好分镜，但是在实际拍摄中，要根据演员在现场的站立位置调整摄影机的位置，因此往往需要在观看演员的动作后才能做出决定。拍摄出的视频会根据拍摄对象的位置、背景和拍摄时的光线而变化。

两人对话时的场景分镜（完成版）

对话持续时的分镜（素材）

分镜头 4

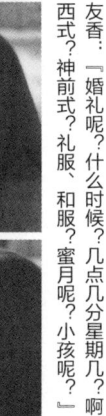

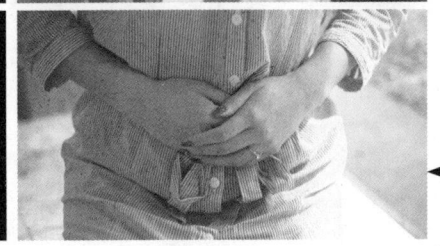

友香：「你是认真的吗？」
智：「当然，真的是认真的！」
友香：「恭喜你！」
智：「谢谢。果然这种事情我还是想当面和你分享。」
友香：「那个，对方呢？多大？」

分镜头 4（其他场景）

友香：「婚礼呢？什么时候？几点几分星期几？啊！西式？神前式？礼服、和服？蜜月呢？小孩呢？」

分镜头 5

智：「等一下，不要一次问我这么多问题。总之，小孩，在这里……」智指着自己的小腹。
友香：「诶!?」

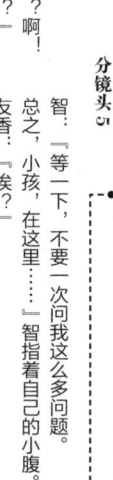

未使用的台词镜头

在拍摄时我同时拍摄了演员的单镜头，但并没有使用。如果时间充足，可以拍摄贯通全篇的主镜头和每位演员的单镜头，在剪辑时就可以自由进行各种组合连接。

以主镜头为主进行剪辑

◀导演剪辑的成片。从剧本中可以看出，对话的节奏很快，但是在分镜头4中一直使用主镜头画面，使两个人的反应更容易让人理解。

第 8 章

203

99 调整分镜缩短影片时长

必须缩短作品时应该在哪里删减？

● 如果不重视客观的第三方意见，那作品可能会变成导演的孤芳自赏。尤其是制片人的意见十分宝贵，他们可以从导演的角度上审视作品。此作品第一次预览时的时长超过了10分钟，但听取了制片人的意见后，我决定将其缩短到10分钟以内。

在这一节中，我将为大家介绍当时的剪辑方式。这一幕中切掉的是两人对话时的台词。切掉一部分台词后，如果不同时调整其他分镜头，则其他分镜头的连接看起来也不够自然。请观看并比较带有简化台词的"完成版"和根据剧本剪辑的"预览版"。

请参考旁边的图例查看删除的台词（粗体）和剪辑方式。接下来我将一一解释要点。首先是预览版中，分镜头4友香的"啊！？怎么又在一起了？什么时候？"这个地方，删掉了智说"学长在那里面"之后的台词，这是因为后面的台词都比较简短，一个镜头一个镜头地切换会让人觉得头晕目眩。

说实话，我还是很想保留智与学长再次见面那部分台词的。因为想解释下当初学长没有接受智的告白，是因为太过苦恼了。但我最终还是决定删减它，是因为它与这部作品想传达的主旨没有直接联系。从结果来看，我认为是剪对了。这一段的内容和时长都比较拖沓，删减后作品变得更加精练。在导演本人编写剧本时，自己很难果断客观地删减掉自己写的台词。

在智说"别介意！啊，我的婚礼上，扔捧花的时候你一定要抢到啊。"和"一定要幸福啊！！"这两句台词时，在完成版中，没有拍摄正在说话的智，而是改为拍摄友香的表情，因为这样不仅可以缩短对话时间，而且能通过友香的表情来表现她的情感变化。

调整分镜缩短影片时长（预览版）

分镜头1

分镜头2（删除）

分镜头3

分镜头4（删除）

分镜头5

分镜头6

分镜头7

按照剧本剪辑

调整分镜缩短影片时长（完成版）

▼如果只关注文本中的对话，你可能会觉得对话发生了跳跃。但如果保留完整对话，影片又会变得拖沓，影响整部作品的平衡。

如果顺着视频进行观看，你会发现即使跳过了部分对话内容，观感也依旧十分顺畅，反而更能够设身处地感受到角色的情感。为了让观众代入角色，我将后面的镜头改成了友香的单镜头。完成版时长仅有9分钟。

分镜头 1 
友香："奉子成婚？"
智："奉子成婚……最近也叫作喜婚、授婚，就和文字意思一样。"

分镜头 2 
智："不过现在只有这么小。然后，对方是……（卖关子）柿泽学长。"
友香："啊！？怎么又在一起了？什么时候？"
智："在母校的社交网站上，你知道吗？"

分镜头 3 
智："世界真小啊。"
友香："啊~啊，我这是错过了多少事情啊……"

分镜头 4（新插入镜头） 
智："别介意！啊，我的婚礼上，扔捧花的时候你一定要抢到啊。"

分镜头 5 
智："我会扔给你的，你可要接住啊！！"

分镜头 6 
智："一定要幸福啊！！"
智摇晃着友香的肩膀。
友香、智相互注视，眼眶渐渐湿润。

删除台词后的剪辑

香："奉子成婚？"
："奉子成婚……最近也叫作喜婚、授婚，就和文字意思一样。**但是婚发音又和'离婚'相似*，不会什么问题吧？**"
*授婚的日语发音为"sazukarikonn"，含了"离婚"的日语发音"rikonn"。）

香："智也当妈妈了呢，真是世界小呀……"

："不过现在只有这么小。然后，方是……（卖关子）柿泽学长。"

香："啊！？怎么又在一起了？什么时候？"

："在母校的社交网站上，你知道吗？学长在那里面。然后，我们就加好友。我跟他聊天他也回应了。他记得我以前向他告白的事。因为那是他收到的第一封情书，当时苦恼了好久。"

："世界真小啊。"
香："啊~啊，我这是错过了多少事情啊……"

："别介意！啊，我的婚礼上，扔花的时候你一定要抢到啊。**你还记吗，之前有个女孩子太害羞了不敢。这样消极绝对不行哦。果然，福要靠自己的双手去抓紧。不过事**，我会扔给你的，你可要接住！！一定要幸福啊！！"
摇晃着友香的肩膀。
香、智相互注视，眼眶渐渐湿润。

粗体字为删掉的台词。

第 8 章

通过余韵悠长的最后一幕
让观众对作品留下深刻印象

余韵悠长的最后一幕

● 这是这部短片《彩——粉红色交换日记》的最后一节，作品也达到了高潮。要让作品直到最后一刻都能让人印象深刻，最后的镜头与首个镜头一样重要。首个镜头的作用是吸引观众进入到作品的世界当中，同样的，最后一个镜头的作用，是如何完成故事以及如何将故事刻在观众心中。

那么，要如何拍摄令人印象深刻的最后一幕呢？这部作品的最后一幕是放在长凳上的日记和信纸。普通的拍摄方式并不会给人留下深刻印象。由于这里的拍摄额外花费时间，因此演员离场，其他工作人员留在现场进行拍摄。

重点是要拍摄出光线的反射和动态的画面。调整三脚架的高度和角度，使日记本封面上的金色字母和钥匙的金属配件能够反射阳光。此外，固定好信纸的位置，让信纸上的蝴蝶剪纸看起来像是在风中飞舞。

让我们来具体看一下最后一幕的分镜。

分镜头1：智的台词和镜头。因为想拍摄出智在偷偷观察友香表情的画面，所以我在拍摄时将友香的头放在前景中（越过头部拍摄），友香背对着镜头。实际上，这里一直拍摄到友香的台词结束。

分镜头2：友香的台词和拍摄表情的镜头。在剪辑时，我剪掉了一部分情绪变化时的停顿时间，然后重新整合。演员在表演时，为了表现友香复杂的情感转变，需要停顿一段时间后，面部表情才会跟着产生变化。但为了顾及观众的观影感受，需要调整合适的"停顿时间"。请查看素材视频确认剪切的情况。

分镜头3：侧面的两组镜头表现两个人之间的位置关系。

分镜头4：凉亭远景。当背景音乐开始播放时，停止环境音和对话，并添加友香的旁白。在此处拍摄远景镜头的目的是模仿观众的视角，仿佛自己就在旁边微笑着看着两人。

最后镜头：用固定机位拍摄日记和信纸。实际上，作为素材，我还拍摄了一段从信封到日记慢慢平移的视频。考虑到旁白的长度，所以缓慢地平移摇摄。虽然最后还是使用了固定视频，但这是因为在剪辑时从凉亭远景画面开始就插入了旁白，因此与缓慢的平移视频不匹配。像这样，为了避免剪辑时遇到困难，拍摄时采用多种方式也十分重要。

演职员表：我们采用了摇摄樱花的镜头作为演职员表的背景。用朝向正上方的仰视角度平移摇摄，像是抬头望向樱花树一样，并且在横向摇摄的基础上加上了一点旋转效果。同样，如同在前面讲解中标题的樱花镜头一样，将转接环的光圈调小使画面四周带有黑边。

余韵悠长的最后一幕（素材）
剪辑素材请观看视频

余韵悠长的最后一幕（完成版）

分镜头1

智："咦？友香？"
（发现友香流泪）

分镜头2

友香（擦掉眼泪）："你说什么呢……我还想说你呢……"（像是自言自语似的）
友香抬起头，
友香："一定，一定要幸福啊！"

分镜头3

智："哭什么呀？"
友香："因为，因为我太高兴了啊！"
智："你是不是傻瓜？放心吧，我会幸福的。你可真是一点都没变！"

分镜头4

友香、智的远景
友香的旁白："这样，在我们的日记小说当中又点缀了一个美好的回忆。"

最后镜头

演职员表

第8章

207

后记

　　回过头来发现，从2011年开始连载了8年多的《极·业内人士的分镜方法！》已经累计到100集了。在这8年里，世界上摄影机的功能也在不断完善，但是把脑海中的画面具象化的"分镜"技术，却和日新月异的摄影机功能不同，是通用不变的。如果本书能给您的拍摄带来参考，我将感到不胜荣幸。

　　在这100集的连载过程中，虽然也遇到了许多困难，但我还是坚持下来了。在总结了这么多主题之后，我才发现还有更多的主题等待我去发掘。希望将来还有机会能为您介绍。

蓝河兼一

蓝河兼一　简介

　　出生于日本石川县金泽市。2011年曾出版《视频表现教科书》（日本玄光社出版）。目前，他作为自由电影导演和拍摄总监十分活跃，从事短篇电影和企业宣传片制作。

图书在版编目(CIP)数据

分镜：视频剪辑的基础 /（日）蓝河兼一著；王卫军译. — 北京: 中国青年出版社, 2022.11（2024.5重印）
ISBN 978-7-5153-6682-1

I. ①分… II. ①蓝… ②王… III. ①拍摄技术 ②视频制作 IV. ①TB82 ②TN948.4

中国版本图书馆CIP数据核字（2022）第098519号

版权登记号：01-2021-0829

Douga de Wakaru Cut Wari no Kyokasho
Copyright © 2020 Kenichi Aikawa
Copyright © 2020 GENKOSHA Co., Ltd.
All rights reserved.
First original Japanese edition published by GENKOSHA Co., Ltd., Japan
Chinese (in simplified character only) translation rights arranged with GENKOSHA Co., Ltd., Japan.through CREEK & RIVER Co., Ltd. and CREEK & RIVER SHANGHAI Co., Ltd.

声明

本书中出现的演员及拍摄相关人员，根据国内相关出版规定，署名需为汉字，故将其日文名均暂译为中文名，如演员及拍摄相关人员有意替换中文译名的汉字，届时可在后续加印予以修正。

侵权举报电话

全国"扫黄打非"工作小组办公室　　中国青年出版社
010-65212870　　　　　　　　　　　010-59231565
http://www.shdf.gov.cn　　　　　　　 E-mail: editor@cypmedia.com

分镜：视频剪辑的基础

著　　者：	[日]蓝河兼一
译　　者：	王卫军

编辑制作：	北京中青雄狮数码传媒科技有限公司	印　　刷：	北京博海升彩色印刷有限公司
项目统筹：	粉色猫斯拉-王颖	规　　格：	710mm×1000mm　1/16
审　　读：	张伟	印　　张：	14
责任编辑：	赵卉	字　　数：	141千字
策划编辑：	刘然	版　　次：	2022年11月北京第1版
执行编辑：	白峥	印　　次：	2024年5月第3次印刷
营销编辑：	严思思　杨钰婷	书　　号：	ISBN 978-7-5153-6682-1
书籍设计：	刘颖	定　　价：	89.90元
出版发行：	中国青年出版社		
社　　址：	北京市东城区东四十二条21号	如有印装质量问题，请与本社联系调换
网　　址：	www.cyp.com.cn	电话：010-59231565
电　　话：	010-59231565	读者来信：reader@cypmedia.com
传　　真：	010-59231381	投稿邮箱：author@cypmedia.com
		如有其他问题请访问我们的网站：www.cypmedia.com

分镜创作

分镜创作

分镜创作

分镜创作 🎬

分镜创作

分镜创作